U0659735

中等职业学校教科书

思想政治 基础模块

哲学与人生

>>>> 学习指导

SIXIANG ZHENGZHI
JICHU MOKUAI
ZHEXUE YU RENSHENG XUEXI ZHIDAO

主　编：沈湘平　　张建国
副主编：林　芳
参　编：黄　珍　　俞晶晶　　胡娃娃　　陈世慧
　　　　贾朝东　　柏红永

北京师范大学出版集团
BEIJING NORMAL UNIVERSITY PUBLISHING GROUP
北京师范大学出版社

图书在版编目(CIP)数据

哲学与人生学习指导 / 沈湘平，张建国主编. —北京：北京
师范大学出版社，2024.7(2025.8 重印)
中等职业学校教科书. 思想政治：基础模块
ISBN 978-7-303-29949-2

Ⅰ. ①哲⋯　Ⅱ. ①沈⋯ ②张⋯　Ⅲ. ①人生哲学－中等专
业学校－教学参考资料 Ⅳ. ①B821

中国国家版本馆 CIP 数据核字(2024)第 104267 号

出版发行：北京师范大学出版社 https：//www.bnupg.com
　　　　　北京市西城区新街口外大街 12-3 号
　　　　　邮政编码：100088
印　　刷：北京同文印刷有限责任公司
经　　销：全国新华书店
开　　本：880 mm×1240 mm　1/16
印　　张：10.75
字　　数：298 千字
版　　次：2024 年 7 月第 1 版
印　　次：2025 年 8 月第 3 次印刷
定　　价：28.70 元

策划编辑：王云英　包　彤　王　超　　责任编辑：王云英　包　彤　王　超
美术编辑：焦　丽　　　　　　　　　　　装帧设计：焦　丽
责任校对：陈　民　　　　　　　　　　　责任印制：赵　龙

出版说明
CHUBAN SHUOMING

本书为教育部统编教科书《思想政治：基础模块 哲学与人生》授权学习指导用书，全书严格依照《中等职业学校思想政治课程标准(2020 年版)》及统编版教科书编写。

本书坚定政治立场，坚持以习近平新时代中国特色社会主义思想为指导，全面贯彻落实党的二十大精神，系统融入社会主义核心价值观，落实立德树人根本任务，紧扣铸魂育人主线，突出育人导向，大力弘扬中华优秀传统文化、革命文化和社会主义先进文化。本书包含 4 个单元共 12 课，依据统编版主教材内容框架编排，结合哲学与人生的学科特点，设置了既一脉相承又独具特色的栏目；本书通过设置多样化的活动情境，广泛联系学生生活和学习实际，引导学生投身社会实践，在做中学、学中做，增强育人实效；本书彰显职教特色，立足中等职业教育育人目标和学生实际，精心选择与职业生活密切相关的同步拓展学习内容，突出与专业课程的配合；本书注重与时俱进，及时反映我国社会发展新成就，积极吸纳新成果，培养适应新时代需求的、德才兼备的技术技能型人才。

本书在编写过程中得到本学科专家学者、各地教研部门和一线优秀教师的大力支持，在此一并表示诚挚的感谢。本书尚存在不足之处，诚望各位读者在使用过程中提出宝贵的建议，以便我们不断修订完善。

北京师范大学出版社(集团)有限公司
2024 年 4 月

目 录
MULU

第一单元
立足客观实际　树立人生理想

第1课　时代精神的精华

智慧导航

目标引领	了解哲学的起源与含义；懂得哲学是世界观和方法论的统一；理解哲学与具体科学的关系；知道马克思主义哲学的产生发展及其在哲学史上的重要地位和深远影响；明白马克思主义哲学的组成部分及主要理论内容，马克思主义哲学的历史使命、特征和品质
	领会马克思主义哲学是科学的世界观和方法论，是时代精神的精华；领悟马克思主义哲学对中国特色社会主义建设及个人成长成才都具有重要指导作用；自觉用马克思主义哲学指导人生路，树立正确的世界观、人生观、价值观
	掌握学好用好马克思主义哲学的方法，坚定马克思主义信仰，运用马克思主义的立场、观点和方法观察世界、正确分析和解决问题，作出正确的价值判断和人生选择
学习要点	哲学的起源
	哲学是世界观和方法论的统一
	马克思主义哲学的使命和特征
	学好用好马克思主义哲学

探索任务

探索主题	探索哲学智慧的力量	
探索任务	任务1	中国古代有很多成语、谚语、典故以及民间俗语，蕴含着从生活中总结出来的哲学道理，收集并思考它们给我们带来的人生启迪
	任务2	在科学史上，一些科学家主动学习哲学，汲取哲人智慧，作出了重要的科研贡献。请查阅资料，举例说明哲学智慧对科学家研究的作用
	任务3	观看电视纪录片《不朽的马克思》，走近伟人的人生，感悟马克思主义的真理力量
探索途径	书籍、网络资源等	
任务清单	步骤1：以小组为单位开展合作，通过搜索、查阅、探讨等方式收集主题论证资料	
	步骤2：每组选派发言人，利用收集到的资料分享对"哲学智慧的力量"的感悟	
探索记录		

第一框 哲学的智慧

知识盘点

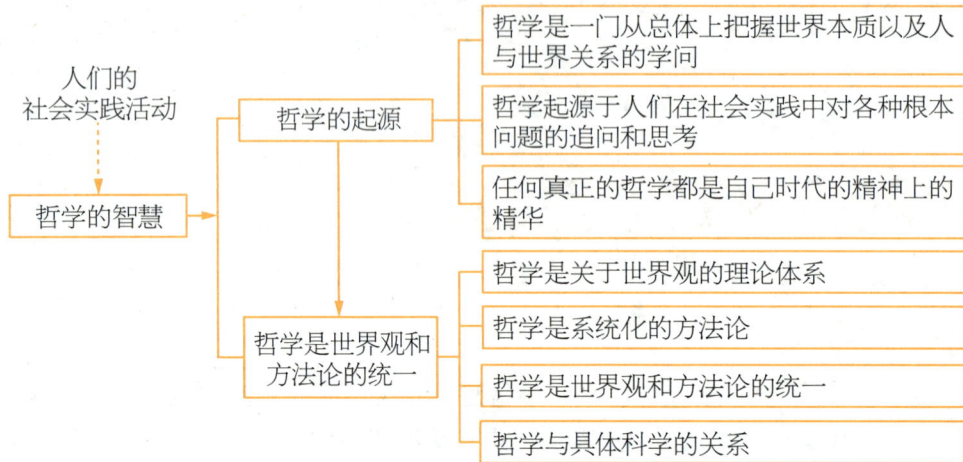

学点 1 哲学是一门怎样的学问？

哲学是_____、_____的学问，是一门从_____上把握世界本质以及人与世界关系的学问。

学点 2 哲学是怎么形成与发展的？

哲学起源于人们在_____中对各种根本问题的_____，是人们在_____和_____的实践活动中形成的。哲学不是一成不变的，而是会随着时代和社会实践的发展而不断变化发展。

学点 3 哲学、世界观、方法论三者之间有什么关系？

人们对整个世界的_____和_____就是世界观，运用世界观去_____和_____就是方法论。哲学既是世界观，也是方法论。一般来说，世界观决定方法论，方法论体现世界观。哲学既是世界观，也是方法论，是世界观和方法论的统一。

学点 4 哲学与具体科学的关系如何？

哲学是对_____、_____和_____知识的_____和总结。哲学为具体科学研究提供世界观和方法论的_____。

二 基础训练

(一)判断题

1. 哲学是热爱智慧、追求智慧的学问，人生处处有哲学。　　　　　(　　)

2. 任何哲学都是自己时代的精神上的精华。　　　　　　　　　　　(　　)

3. 具体科学知识汇总在一起就形成了哲学。　　　　　　　　　　　(　　)

(二)单项选择题

1. 哲学的智慧是在人类的(　　　)中形成的。

A. 实践活动　　　　B. 主观认识　　　　C. 深度思考　　　　D. 日常情绪

2. 关于世界观和方法论，以下说法错误的是(　　　)。

A. 世界观决定方法论

B. 方法论决定世界观

C. 世界观和方法论是统一的、相互联系的

D. 有什么样的世界观就有什么样的方法论

3. 著名科学家、教育家、社会活动家钱伟长曾说过："哲学很重要，很多学问做深了，都会碰到哲学问题。数学是这样，物理、化学、生物、计算机，都是这样。所以科学家一定要研究一点哲学，要懂哲学。"这说明(　　　)。

A. 哲学比科学还重要

B. 科学家一定要深入钻研哲学

C. 不懂哲学的科学家将无法推进自己的研究

D. 哲学能为具体科学研究提供世界观和方法论的指导

(三)分析运用题

有人说"哲学起源于人类的惊奇"，也有人说"哲学是人类在实践活动中自发生成的"。结合这些观点，分析哲学的起源。

三 学思践行

　　古今中外有许多重要的哲学家和思想家，他们的思想和贡献对于人类文明的发展产生了深远的影响。查阅资料，了解老子、孔子、苏格拉底、柏拉图、黑格尔、叔本华、费尔巴哈、王阳明、梁漱溟、冯友兰这十位哲学家和思想家，并摘录凝聚他们深邃思想和智慧的经典名言。

哲学家/思想家	经典名言

第二框 马克思主义哲学指引人生路

知识盘点

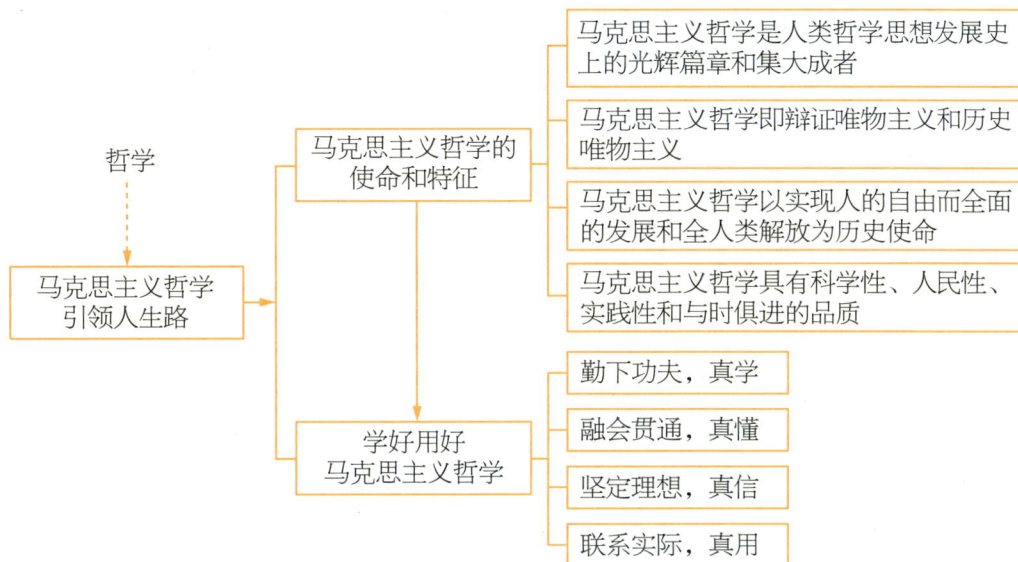

学习点拨

马克思主义哲学在哲学史上第一次在科学的基础上实现了唯物主义与辩证法的有机结合、唯物辩证的自然观与历史观的统一，创立了辩证唯物主义和历史唯物主义。

学点1 马克思主义哲学在哲学史上处于什么地位、有何作用？

马克思主义哲学是人类哲学思想发展史上的_____和_____，是_____、_____在19世纪创立并为后继者们所不断发展的哲学体系，它批判地继承了人类哲学史上的积极成果，实现了哲学的革命，为_____和_____争取_____的斗争提供了科学的世界观和方法论。

学点2 马克思主义哲学包括哪些理论内容？

马克思主义哲学即_____唯物主义和_____唯物主义，是一个逻辑严密的有机整体，其理论内容包括世界物质统一性原理、_____、实践与认识的辩证关系、人类社会发展的规律等。

学点3 马克思主义哲学的历史使命是什么？有哪些品质特征？

马克思主义哲学以实现人的_____和全人类解放为历史使命，反映出人类对理想社会的美好憧憬和追求。

马克思主义哲学具有科学性、_____、实践性和与时俱进的品质。

案例启迪

案例：

延安时期，毛泽东看得最多的书是马克思主义哲学书籍。他曾在哲学读书批注中写道："一切大的政治错误没有不是离开辩证唯物论的。"1937年4月至8月，毛泽东在延安抗日军政大学当起了教员，他教的科目叫"新哲学"，就是马克思主义哲学。

启迪：

马克思主义哲学为无产阶级和广大劳动群众争取自由解放的斗争提供了科学的世界观和方法论。

学点4 为什么要学好用好马克思主义哲学？

马克思主义哲学是_____世界观和方法论，对中国特色社会主义建设和我们的成长成才都具有重要指导作用。学习马克思主义哲学，可以为我们成长成才指明_____、提供_____；可以帮助我们树立正确的世界观、人生观和价值观，正确看待自然、社会和人生的变化与发展；可以帮助我们形成科学的_____，提高分析问题和解决问题的能力，更好地认识世界和改造世界，走好人生路。

学点5 如何学好用好马克思主义哲学？

勤下功夫，_____；融会贯通，_____；坚定理想，_____；联系实际，_____。

二 基础训练

(一)判断题

1. 马克思主义哲学是不断发展的哲学。 （ ）

2. 学习马克思主义哲学可以帮助我们形成科学的思维方法，提高分析问题和解决问题的能力，更好地认识世界和改造世界，走好人生路。 （ ）

3. 马克思主义哲学的直接理论来源是古希腊哲学。 （ ）

(二)单项选择题

1.《孙子兵法》包含丰富的哲学思想，主要体现辩证思想和朴素唯物思想。这说明（ ）。

A. 哲学智慧产生于人类的实践活动

B. 我国古代的朴素辩证法思想是马克思主义哲学辩证法思想的直接理论来源

C. 从文化的发展程度上讲，中华民族比其他民族都优秀

D. 哲学总是自觉或不自觉地影响着人们的生活

2. 德国古典哲学是马克思主义哲学的直接理论来源。马克思、恩格斯批判地吸取了黑格尔哲学的（ ）。

A. 唯物主义思想 B. 辩证法思想

C. 可知论思想 D. 决定论思想

3. 党的二十大报告指出："实践告诉我们，中国共产党为什么能，中国

特色社会主义为什么好，归根到底是马克思主义行，是中国化时代化的马克思主义行。"中国化时代化的马克思主义行，在于其(　　)。

①揭示了人类社会发展的所有规律

②与时俱进地为中国发展提供具体解决方案

③为中国特色社会主义现代化建设提供科学的世界观和方法论

④坚持以人民为中心，为了人民、依靠人民

A.①②　　　　　　B.①③　　　　　　C.②④　　　　　　D.③④

(三)分析运用题

下面是两位同学关于学习马克思主义哲学的对话。

甲同学说："我是汽车运用与维修专业的学生，从没想过当哲学家，所以没有必要学习哲学。"

乙同学说："哲学对我们很重要，哲学是一种方法论，学好哲学不但可以指导我们的实践，还可以帮助我们更好地理解理工科的知识。"

请对两位同学的观点进行分析，并谈谈学习马克思主义哲学对中职学生具有哪些现实意义。

三 学思践行

21 世纪以来，世界重新燃起"马克思热"，马克思故居成为旅游热点，莱比锡大学重新竖立马克思雕像……

查找资料，关注"马克思热"的具体表现，并思考这些现象背后的原因。

发生时间	具体表现	背后原因
例：2008 年世界金融危机	纽约百老汇大街的书店前人们排队购买《资本论》，海报上写着："马克思所说的都应验了。"	

综合实践

　　马克思主义哲学是马克思主义理论体系的基础。马克思主义哲学作为科学的世界观和方法论体系，对个人成长、社会发展及思想理论建设均具有深远的积极影响。它不仅帮助个体形成辩证思维能力和正确价值观，还为社会实践提供理论指导，并在全球范围内推动社会进步与理论创新。

　　产生于19世纪中叶的马克思主义哲学，它到底是一门什么样的学问？今天的中国和世界还需要它吗？它到底能够给我们带来什么？

　　请同学们结合自己的生活实际，开展主题为"马克思主义哲学在我身边"的演讲。

沉浸体验

　　《马克思是对的》节目主题曲——《你的名字，我的力量》是一首关于青春记忆、坚守信仰以及歌颂真理的歌曲，让我们从这激扬的旋律中探寻关于马克思的真理足迹。

你探究人生的眼睛，是年少时梦里的星星

告诉我为何出发，找到的是远行的意义

你洞悉世界的眼睛，是黑夜里耀眼的星星

光辉的思想温暖胸膛，种下的是不变的信仰

你预言未来的思想，如同照彻前行路上的太阳

真理的光芒多么明亮，伴我们穿过惊涛骇浪

你的名字，我的力量

历史的奔腾沿着你昭示的方向，人类的进步，见证着你的荣光

你的名字，我的力量

伟大的梦想，在世界的东方绽放，复兴的中华，向着美好未来起航

第2课　树立科学的世界观 ●●●●

智慧导航

目标引领	全面把握世界物质统一性原理；正确理解哲学上讲的"物质"；了解劳动对人和人类社会的发展中产生的重要作用；明白意识的起源、意识产生的生理基础和意识的本质；知道唯物主义和唯心主义两者的根本观点与划分标准，以及有神论和封建迷信的本质
	掌握物质与意识的辩证关系原理，自觉坚持辩证唯物主义的物质统一性原理，坚持一切从客观实际出发，而不是从主观愿望出发，坚持唯物主义反对唯心主义，坚持党的思想路线、坚定马克思主义和无神论立场
	在社会实践活动中，用辩证唯物主义的物质统一性原理指导实践活动
学习要点	自然界、人类社会的物质性
	意识是物质世界长期发展的产物
	坚持唯物主义，反对唯心主义
	坚持无神论，反对封建迷信

探索任务

探索主题	人工智能中的"意识"问题	
探索任务	任务1	《大脑深处》是中央广播电视总台影视剧纪录片中心出品的中国首部系统聚焦脑科学的纪录片。该纪录片以脑认知为主题，在故事与科普、历史与现实中，展现人类在脑研究领域所做的努力以及脑研究对于人类命运的影响。观看该纪录片
	任务2	查阅资料，了解现在国内外人工智能的发展情况
	任务3	思考：人工智能能否取代人类
探索途径	书籍、网络资源、现场参观等	
任务清单	步骤1：以小组为单位，合作探索	
	步骤2：每组制作PPT，选派代表向师生汇报调研成果	
探索记录		

第一框　世界的物质性

知识盘点

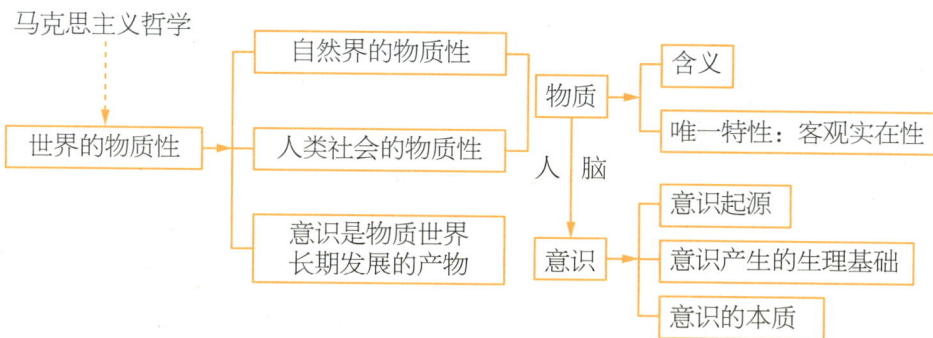

学点 1 什么是哲学上讲的"物质"?

物质 是 不 依 赖 于 _____ ，并 能 为 _____ 所 反 映 的 _____ 。物质的唯一特性是客观实在性。

学点 2 为什么说意识是物质世界长期发展的产物?

从意识的起源来看，社会实践，特别是 _____ ，在意识的产生和发展中起着决定性作用。从产生意识的生理基础来看，意识是人脑这种特殊物质的机能。人脑是高度发达的物质系统，是意识活动的 _____ 。没有高度发达的人脑，就不可能有人类意识。

意识是客观世界在人脑中的 _____ 。意识在内容上是 _____ 的，在形式上是 _____ 的，是客观内容和主观形式的统一。意识是物质的产物，但不是物质本身。

学点 3 为什么说人类社会在本质上是物质的?

人是由自然界的物种——古猿进化而来的。在这一转变过程中，_____ 发挥了决定性作用。人类社会赖以生存的 _____ 归根到底都取之于自然界。人类社会最基本的社会实践活动是 _____ ，就是人与自然之间的物质变换过程。这些都集中体现了人类社会的物质性。

学点 4 为什么说世界的真正统一性在于它的物质性?

自然界、人类社会是 _____ 的，人的意识是物质的 _____ 。世界是物质的世界，世界的真正统一性在于它的 _____ ，我们应当自觉坚持 _____ 原理。

二 基础训练

(一)判断题

1. 人类社会最基本的社会实践活动是生产劳动。　　　　　(　　)

2. 物质有时候依赖于人的意识，有时候不依赖于人的意识。　(　　)

3. 意识是客观世界在脑中的主观映象。　　　　　　　　(　　)

(二)单项选择题

1. 放眼周围的世界，我们看到的是高山、河流、田野等物质具体形态。如果用辩证唯物主义眼光来看，它们共同的唯一的特性是(　　)。

　　A. 可知性　　　　　　　　　B. 永恒性

　　C. 客观实在性　　　　　　　D. 矛盾同一性

2. 从意识的起源来看，意识是(　　)。

　　A. 物质世界发展到一定阶段的产物　　B. 客观存在于人脑中的反映

　　C. 人脑特有的一种生理机能　　　　　D. 人脑对事物的正确反映

3. 龙是中华民族的图腾。《尔雅翼》云："龙者，鳞虫之长。王符言：其形有九似。头似驼，角似鹿，眼似兔，耳似牛，项似蛇，腹似蜃，鳞似鱼……"现实中虽然没有真实的龙，但我们却有对龙的认识。这表明(　　)。

　　A. 龙的形象是创新意识的产物

　　B. 意识是主观的产物

　　C. 人脑可以对客观事物进行主观的加工

　　D. 意识可以改变物质的具体形态

(三)分析运用题

人工智能(AI)已经不是科幻电影中的遥远想象，而是实实在在地融入了我们生活的方方面面。例如，DeepSeek、元宝、豆包、Kimi 等 AI 工具各显神通，能够事半功倍地执行并完成曾经被认为是人类智慧所独有的任务，逐渐成为我们工作和生活中不可或缺的部分。

查找相关材料，分析人工智能是否具有人类意识。

三 学思践行

2024年伊始，哈尔滨旅游火爆"出圈"。在哈尔滨的宣传视频里，最令人触目的是在天寒地冻的天气里，游客们在侵华日军第七三一部队罪证陈列馆前排起的蜿蜒长队。一名学生参观遗址后，在馆内留言道："今天，我的妈妈带我来到了这里。如果以后我有了孩子，也会带他来这里，告诉他，人为什么要努力，为什么要记住历史，为什么要振兴中华！"

关注并记录生活经历带来的自我意识的变化。

第二框　用科学世界观指导人生发展

一　知识盘点

```
(原理)          ┌── 物质 ───── 唯物主义的三种基本形态
世界的物质性 ───┤
                └── 意识 ───── 唯心主义的两种基本形态

                ┌── 坚持唯物主义 ── 坚持一切从客观实际出发，
用科学世界观  ───┤   反对唯心主义      而不是从主观愿望出发
指导人生发展     │
                └── 坚持无神论 ──── 营造文明健康、
                    反对封建迷信      崇尚科学的社会风尚
```

学点 1　划分唯物主义和唯心主义的标准是什么?两者的根本观点分别是什么?

物质和意识到底谁为＿＿＿＿＿＿，即物质和意识何者是第一性、何者是第二性，对这一问题的不同回答，构成了划分唯物主义和唯心主义的标准。唯物主义认为，＿＿＿＿＿＿是本原的，意识是派生的，先有物质后有意识，物质决定意识；唯心主义认为，＿＿＿＿＿＿是本原的，物质依赖于意识，不是物质决定意识，而是意识决定物质。

学点 2　为什么必须坚持唯物主义，反对唯心主义?

唯物主义正确地把握了物质和意识的关系，坚持物质＿＿＿＿＿＿意识、世界统一于＿＿＿＿＿＿，意识对物质具有＿＿＿＿＿＿。唯心主义颠倒了物质和意识的关系，错误地把意识、精神等视为离开自然和社会而＿＿＿＿＿＿并且创造自然和社会的神秘力量。

学点 3　世界的物质统一性原理对我们的方法论要求是什么?

坚持一切从＿＿＿＿＿＿出发，而不是从＿＿＿＿＿＿出发。

坚持＿＿＿＿＿＿，反对唯心主义。

坚持＿＿＿＿＿＿，反对封建迷信。

学点 4　为什么必须坚持无神论，反对封建迷信?

无神论认为，世界是＿＿＿＿＿＿，世界上没有神、鬼、天堂、地狱等超自然的力量，其本质是＿＿＿＿＿＿的。封建迷信往往利用人们的鬼神观念、宿命观念等错误意识来＿＿＿＿＿＿，损害人们的利益，其本质是＿＿＿＿＿＿的。

二　基础训练

（一）判断题

1. 古希腊哲学家泰勒斯提出的"水是万物的本原"是一种古代朴素唯物主义观点。　　　　　　　　　　　　　　　　　　（　　）

2. 世界物质统一性原理是辩证唯物主义最基本、最核心的观点。（　　）

3. 想问题、办事情要从自己的主观愿望出发，听从自己的内心。（　　）

（二）单项选择题

1. 唯物主义和唯心主义的根本区别在于是否承认（　　　）。

A. 世界是神创造的

B. 物质是世界的本原

C. 人的主观精神是世界的本原

D. 世界是可知的

2. 我们必须自觉坚持辩证唯物主义的物质统一性原则，坚定马克思主义无神论立场，坚持无神论，反对封建迷信。这是因为（　　　）。

A. 对上帝、神灵，信则有、不信则无

B. 一切有神论都会产生严重的社会危害和后果

C. 上帝、神灵属于腐朽的思想，扰乱、侵蚀人的灵魂

D. 世界是物质的，世界上没有上帝、神灵等超自然的力量

3. 认为正确或错误的意识都是对物质的反映的是（　　　）观点。

A. 诡辩论　　　　B. 唯心主义　　　　C. 不可知论　　　　D. 唯物主义

（三）分析运用题

甲说："我在故我思。"乙则说："我思故我在。"

甲和乙的观点分别属于哪种哲学基本派别？怎么区分这两种哲学基本派别？

笔 记

三 学思践行

古希腊著名哲学家苏格拉底曾说："人生，就是一次无法重复的选择。"选择关系未来的方向和发展，在人生的道路上，总会有很多岔路口摆在我们面前，需要我们作出选择。人生选择虽然具有自主性，但也要考虑现实情况，做到一切从客观实际出发。

请你根据自身实际，对以下内容作出选择，并写出选择的理由。

待选择的内容	你作出的选择	你选择的理由
如果你现在还不是团员，你会选择通过自己的努力入团吗？		
如果你是学生会干部，发现学生会工作会占用你的一些学习时间，你会选择退出学生会吗？		
在当今复杂多变的就业市场中，如果职业技能证书能为你铺就一条通往成功的职业之路，你会提前努力去考取吗？		

综合实践

　　随着社会的不断发展，职业种类和行业要求也日益多样化、精细化，不同的职业对于从业者的要求也不尽相同。学生作为未来的从业者，需要了解当前社会不同职业对于从业者职业素养的要求，以便立足自身实际，为将来更好地适应和胜任工作做好准备。

所学专业	专业对应的职业群	当前的从业要求（参考招聘信息）

沉浸体验

　　观看纪录片《地球成长史》，感受自然界、人类社会是物质的，世界是客观存在的物质世界，世界的真正统一性在于它的物质性。

　　纪录片从宇宙、大气、水、生命等方面去感悟地球的成长历程，讲述了事物的形成过程及原因。引力把尘埃和岩石聚合形成地球，历经了流星雨、陨石的撞击、烈日的灼烧，地球上出现了生命之源——水，随后慢慢出现了微生物、藻类，地球上有了生命。

　　罗迪尼亚大陆形成后，经历地壳运动，地壳四分五裂，而后地球进入了漫长的雪球地球时期。

　　随着地球气候变暖，出现了植物、四足动物、小型哺乳动物，恐龙出现并统治地球；然后小行星撞击地球，恐龙灭绝，哺乳动物占领了地球，人类祖先猿猴出现，一部分猿猴经自然选择，不断进化形成了人类。

　　纪录片从地球活动到生命起源，从生物进化到人类产生，从生态环境到气候变化，为我们揭示了自然界的奇妙现象、演化进程、发展规律。

第 3 课　追求人生理想　● ● ●

智慧导航

目标引领	了解世界的本质是物质的，物质是运动的，物质的运动是有规律的，规律具有普遍性、客观性，要认识规律并按规律办事；知道主观能动性是人特有的一种能力，坚持尊重客观规律与发挥主观能动性相结合；正确把握理想与现实的关系、个人理想与社会理想的关系
	牢记人生是自觉能动的过程，树立重视主观能动性的观念；自觉把个人理想融入社会理想，把小我融入大我，把人生追求与社会进步相结合，更好地实现人生理想
	全面把握客观规律性和主观能动性的辩证关系原理，认识到成功要靠客观条件加主观能动性，坚持一切从实际出发，实事求是；坚持尊重客观规律与主观能动性的发挥相结合，在实现个人理想的过程中为实现社会理想贡献力量
学习要点	规律是客观的
	人具有主观能动性
	坚持一切从实际出发，实事求是
	正确把握理想与现实的辩证关系、个人理想与社会理想的关系

探索任务

探索主题	尊重客观规律与正确发挥主观能动性的关系	
探索任务	任务 1	观看纪录片《自然的力量·大地生灵》，俯瞰中华大地、纵览微观世界，感受自然规律衍生出万事万物，万千生命循自然轨迹繁衍生息
	任务 2	实地参观当地博物馆，了解承载着过去的记忆和智慧的历史文化遗产，亲身感受历史的变迁和人类社会发展的规律
	任务 3	查阅资料，了解在社会历史发展过程中，人类认识和利用规律，积极发挥主观能动性，作出的重大科学发现和伟大技术发明
探索途径	书籍、网络资源、现场参观等	
任务清单	步骤 1：以小组为单位开展合作，通过搜索、查阅、探讨等方式收集主题论证资料	
	步骤 2：每组选派代表，利用收集到的资料，分享对客观规律和主观能动性关系认知的感悟	
探索记录		

· · · · ·

第一框　坚持客观规律性与主观能动性的辩证统一

知识盘点

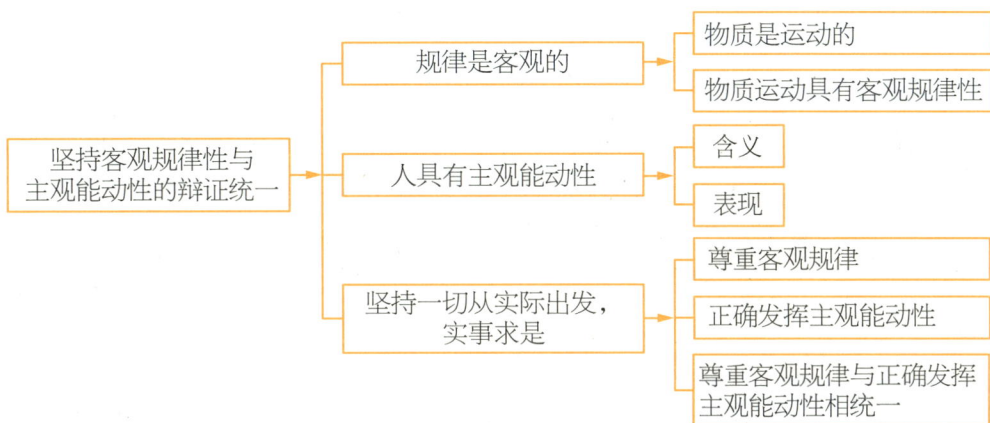

学习点拨

承认规律的客观性，并不意味着人们在规律面前无能为力。人们能够通过正确发挥主观能动性认识和把握规律，并根据规律发生作用的条件和形式利用规律，改造客观世界，造福人类。

学点 1 什么是哲学上讲的"运动"？运动和静止有什么关系？

运动是物质的＿＿＿＿＿＿和＿＿＿＿＿＿，是宇宙中一切事物、现象的变化和过程。

任何事物都处在运动之中，＿＿＿＿＿＿的事物是不存在的。运动是永恒的、绝对的，而静止是＿＿＿＿＿＿的、＿＿＿＿＿＿的。

学点 2 什么是哲学上讲的"规律"？具有哪些特点？

物质运动具有＿＿＿＿＿＿。规律是事物运动过程中所固有的本质的、＿＿＿＿＿＿、稳定的联系。

规律是客观的，是不以＿＿＿＿＿＿为转移的，既不能被创造，也不能被消灭。规律具有＿＿＿＿＿＿，没有规律的物质运动是不存在的。

学点 3 什么是人的主观能动性？人的主观能动性有哪些方面的表现？

人能够＿＿＿＿＿＿、有目的地、有计划地作用于客观世界，这就是人的主观能动性，亦称自觉能动性，是人＿＿＿＿＿＿的一种能力。

人的主观能动性表现为人既可以能动地＿＿＿＿＿＿、把握规律，又可以利用规律，能动地＿＿＿＿＿＿，以满足自身的需要。人的主观能动性还表现为在认识世界和改造世界的过程中所具有的＿＿＿＿＿＿，如理想、信念、决心、意志、干劲等。

案例启迪

案例：

菌草技术是中国在推进减贫脱贫过程中摸索出的一项成功实践，也是中国助力全球可持续发展作出的一项重要贡献。菌草技术通过"以草代木"栽培食用菌，解决了"食用菌生产必靠砍伐树木"这一世界难题，目前已在100多个国家付诸应用，菌草也被国外誉为"中国神草"。

启迪：

创造美好生活需要正确且积极地发挥主观能动性。

学点 4 如何做到"一切从实际出发，实事求是"？

必须尊重_____。我们应当从客观存在的事物出发，找出事物本身固有的而不是臆造的_____，作为行动的依据。

要正确发挥_____。我们要不断解放思想，与时俱进，以求真务实的精神认识和把握事物，用科学的理论武装头脑、指导实践。

要做到尊重客观规律与正确发挥主观能动性相_____。我们既要反对片面强调_____，安于现状、因循守旧、无所作为，又要反对片面夸大意识的_____；想问题办事情既要量力而行又要尽力而为，在科学认识客观条件和个人能力的基础上，积极进取并全力以赴。

二 基础训练

（一）判断题

1. 发挥主观能动性能改变物质的根本属性。　　　　　　（　）

2. 人不能改变规律，但能改变规律起作用的具体状况。　（　）

3. "实事求是"中的"是"指的是客观事物的内部联系，即规律性。（　）

（二）单项选择题

1. 以下关于运动和静止的关系，表述错误的是（　　）。

A. 动中有静，静中有动　　　　　B. 运动和静止不可分割

C. 运动和静止都是相对的　　　　D. 静止是运动的特殊状态

2. 脑科学研究成果显示，因学习而产生的西塔波可以促进脑神经细胞生成，从而使"大脑越用越灵"的观点得到了确切的科学依据。"大脑越用越灵"的事实表明（　　）。

A. 物质是运动的主体

B. 运动是物质的根本属性和存在方式

C. 人脑是意识的物质器官

D. 认识运动的主体是人的思维

3. 国画的"写意"能将万水千山收于尺幅，这正是国画的奇妙之处。国画创作的这种特点表明（　　）。

A. 国画创作需要充分发挥画家的主观能动性

B. 画家发挥主观能动性，直接改造了物质世界

C. 创作中发挥主观能动性不需要遵循客观规律

D. 创作完全是主观行为，不需要从实际出发

(三)分析运用题

"劈柴不照纹，累死劈柴人。"请运用客观规律性和主观能动性的辩证关系原理，说一说如何才能做到事半功倍。

三 学思践行

近年来，"国潮"出圈，大家对民族文化越来越自信。张同学坚信中国元素产品大有未来，就萌生了将来做古风饰品的想法。就读中职工艺美术专业的她，在认真学习之余，充分利用时间研究制作各种新中式手工饰品，尝试经营线上国风饰品内容的个人账号，积极参与线下传统文化交流活动，已经收获很多好评。

从所学的专业出发，结合时代的发展特点和需求，想一想业余时间你可以选择做些什么，积极探索自我发展之路，充实、提高自己。

你的专业：_____

你的选择：_____

_____

你的行动：_____

_____

第二框 努力把人生理想变为现实

📖 **知识盘点**

```
                              正确把握          ┌─ 理想源于现实又高于现实
                          理想与现实的辩证关系  └─ 实现理想要脚踏实地
        努力把
    人生理想变为现实                            ┌─ 个人理想以社会理想为指引
                              正确把握          ├─ 社会理想是个人理想的凝练和升华
                        个人理想与社会理想的关系 └─ 自觉地把个人理想融入社会理想
```

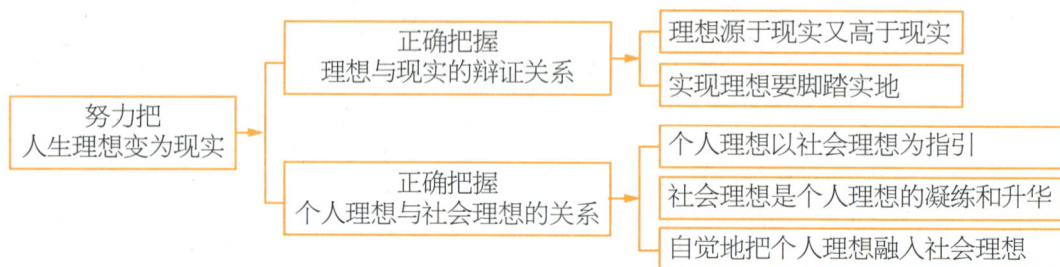

学点 1 如何正确把握理想和现实的辩证关系？

理想源于现实又_____。理想是在_____的基础上所产生的认识，不可能脱离客观条件。但理想不等于现实，它可以_____。理想是现实发展的方向，是比现实更高远、更美好的目标。

实现理想要_____。只有把远大的理想寓于具体的行动中，从_____做起，从身边的事做起，才能一步一个脚印地实现人生理想。

学点 2 全体中国人民现阶段的共同理想是什么？远大理想又是什么？

在中国共产党的领导下，坚持和发展_____，实现中华民族_____，这是全体中国人民现阶段的共同理想；实现_____是我们的远大理想。

学点 3 如何正确把握个人理想与社会理想的关系？

个人理想是指个体对于自己未来生活的_____和_____。社会理想是指社会_____所具有的共同理想和追求。

个人理想以_____为指引。个人理想的追求和实现归根结底是在_____中进行的。个人理想应当在_____上与社会理想相一致，与社会理想同向同行。社会理想是个人理想的凝练和升华，归根到底要靠_____的共同努力来实现。

只有自觉把个人理想融入_____，把小我融入大我，把人生追求与社会进步相结合，才能更好地实现人生理想。

二 基础训练

(一)判断题

1. 理想源于现实，也一定能转化为现实。　　　　　　　( )

2. 崇高的理想对社会、对个人有指导和促进作用。　　　( )

3. 为了实现社会理想，我们必须放弃个人理想。　　　　( )

(二)单项选择题

1. 我们通常所说的"青年人应当有理想"，主要是指有科学的、崇高的( )。

　　A. 社会理想　　　B. 道德理想　　　C. 职业理想　　　D. 生活理想

2. "人生只有'三天'：今天、昨天、明天。只爱今天，他不属于未来；只爱明天，他永远悬在空中；只爱昨天，无异于生命停滞不前。"这段话描述的是( )。

　　A. 理想与现实的辩证关系

　　B. 个人理想与社会理想的辩证关系

　　C. 理想和奋斗的辩证关系

　　D. 最高理想与共同理想的辩证关系

3. 习近平同志指出："广大青年要勇敢肩负起时代赋予的重任，志存高远，脚踏实地，努力在实现中华民族伟大复兴的中国梦的生动实践中放飞青春梦想。"这强调青年学生要( )。

　　A. 树立正确的价值观，积极进取

　　B. 积极参加社会实践，承担社会责任

　　C. 立足个人实际，不好高骛远

　　D. 树立崇高理想，明确人生目标

(三)分析运用题

有人说："一个人没有理想，照样可以生活得很好，所以理想对人来说可有可无，无足轻重。"

运用本课所学的知识，对此观点进行分析。

三　学思践行

同学们，职业理想不仅是我们对未来职业的憧憬，也是我们学习和生活的精神动力。如何为自己作出更好的职业理想选择呢？请你参与"选择职业理想，遇见更好的自己"这一主题活动，建议从以下三个方面去践行。

1. 勤于实践，敢于尝试，乐于阅读。

要求：积极参与实践、尝试新事物，主动探索新知识，并做好相关的记录。

方　法	内　容	感　受
实践		
尝试		
阅读		

2. 剖析自我，发现志趣，找到方向。

要求：不断认识自我的喜好兴趣、长处与短板，找到自己想做、能做、该做的事情。

_____

_____

_____

3. 用心投入，保持专注，静待花开。

要求：集中精力专注于实现自我理想的事情，不计较一时得失，以恒心和毅力去追求自己的目标。

综合实践

习近平同志指出："如果不沉下心来抓落实，再好的目标，再好的蓝图，也只是镜中花、水中月。"

创造性贯彻落实必须发挥主观能动性，只有充分发挥主观能动性，有目的、有计划，实打实地拼、实打实地干，才能推动高质量发展，不断取得新成效。

国家发展如此，个人奋斗亦然。"100小时定律"告诉我们练习某项技能，有目标地去干，有目的地去学，边做边记录，只需要100小时的积极学习，就可变得比绝大多数人有竞争力。

结合你的专业学习、社会需求，设立提升职业技能的理想目标，记录在实现理想目标时个人主观能动性的发挥情况，并通过实现的结果，体会正确且积极发挥主观能动性对实现理想目标的重要性。

理想目标	主观能动性的表现			实现结果
	想（规划）	做（行动）	精神状态	

沉浸体验

1935年6月，近2万人的中央红军开始翻越雪山，到8月下旬穿越草地后，总计7000余人牺牲在过雪山草地的路途中。20世纪60年代初，萧华上将依据其过雪山草地的亲身经历写下了这首《过雪山草地》。这首歌描写了红军战士为了北上抗日，在饥寒交迫的情况下翻雪山、过草地的惊世壮举，表现了红军的革命乐观主义精神和坚定的共产主义信念，展示出了中华民族革命儿女百折不挠、自强不息的伟大民族品格，对革命的必胜信念和勇往直前、不怕牺牲的英雄气概。

雪皑皑，野茫茫，高原寒，炊断粮。

红军都是钢铁汉，千锤百炼不怕难。

雪山低头迎远客，草毯泥毡扎营盘。

风雨侵衣骨更硬，野菜充饥志越坚。

官兵一致同甘苦，革命理想高于天。

通过作品鉴赏进行体验式学习，体验尊重客观规律与正确发挥主观能动性的统一。

评价反思

评价项目		评价内容		自评	他评	师评
学习态度 与习惯 （20分）	学习态度	积极主动参与学习，有进取心，学习兴趣浓厚，求知欲强				
	学习习惯	课前做好学习准备，上课认真听讲，按时完成作业				
学习行为 与表现 （80分）	课堂 （60分）	自主学习	遇到疑惑能在学习过程中及时解决			
		知识掌握	"智慧导航"中每一个知识要点的理解基本到位，并能构建知识之间的内在逻辑联系			
		表达展示	回答问题时表达准确、流利、有条理；展示成果与"探索任务"具有一致性			
		交流合作	积极主动地与小组同学配合，能耐心地倾听、吸纳他人的观点			
		搜集整理	能够搜集相关的资料，整理资料能力强，搜集到的信息全面且有条理			
		作业情况	在规定的时间内自觉完成作业，存在疑惑时能及时向老师、同学请教			
	课外 （20分）	实践活动	能够认真完成课后"学思践行"与"综合实践"，并且主动和同学分享			
自评总分		建议：				
他评总分						
师评总分						
我的 学习反思						

第二单元
辩证看问题　走好人生路

第4课　用联系的观点看问题

智慧导航

目标引领	了解联系的含义，理解联系的四个特征及对应的方法论要求，提高辩证思维能力，能运用联系的观点和方法观察、分析社会现象，正确看待自然、社会和人生，把个人的小我融入社会的大我之中，在和谐共处中实现人生发展
	理解整体与部分的辩证关系，增强全局意识，认同和拥护国家"五位一体"总体布局、"四个全面"战略布局等各项方针政策
	坚持系统观念，提升系统思维能力，在生活与工作中注重系统的结构优化，提高职业能力；同时能运用联系的观点正确认识和处理人与自然、人与社会、人与自身的关系，增强公共参与意识，勇于担当社会责任
学习要点	联系的普遍性、客观性
	联系的多样性、条件性
	正确处理整体与部分的关系
	用联系的观点看待世界和人生

探索任务

探索主题	世界是普遍联系的	
探索任务	任务1	北斗卫星导航系统是我国自主建设运行的全球卫星导航系统。查阅相关资料，了解北斗卫星导航系统在实际生活中给人们带来的影响
	任务2	国货"潮品"越来越受认可，渐成时尚，离不开文化自信带来的正面效应，承载它的是中华文明博大精深的文化之海。漫步你所在的地区，用照片、视频等记录下国货"潮品"在衣食住行各个领域的华彩
	任务3	共建"一带一路"倡议是探索远亲近邻共同发展的新办法，是造福各国、惠及世界的"幸福路"，无数人的生活与命运，因"一带一路"而改变。查阅相关资料，寻找"一带一路"的动人故事，并选取一个令你印象最深的故事和同学分享
探索途径	书籍、网络资源、现场参观等	
任务清单	步骤1：以小组为单位，合作探索	
	步骤2：每组制作调研PPT，选派代表向师生汇报调研成果	
探索记录		

第一框　世界是普遍联系的

一　知识盘点

世界是普遍联系的
- 联系的含义
  - 事物与事物之间
  - 事物内部诸要素之间
  - 相互影响 相互制约 相互作用
- 联系的特点及方法论要求
  - 普遍性：把整个世界看作相互联系的统一整体，反对孤立地、片面地看问题
  - 客观性：从事物固有的联系出发去认识事物，不能主观臆造并不存在的联系
  - 多样性：善于把握事物复杂多样的联系，针对不同的联系，采取不同的方法
  - 条件性：正确分析和把握事物存在和发展的各种条件

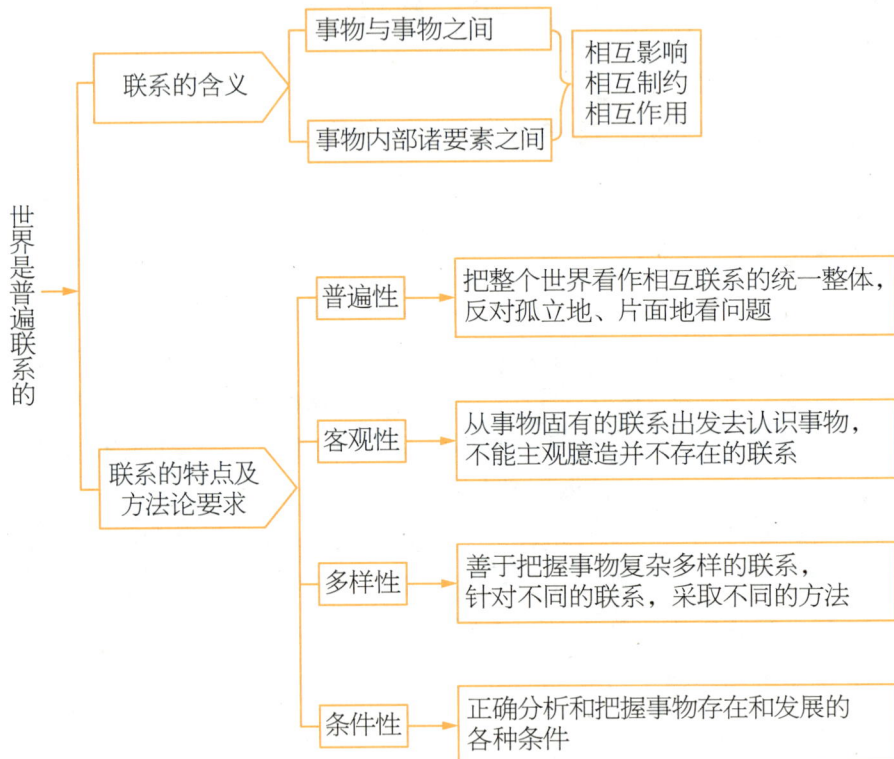

学点1 什么是哲学上讲的"联系"？联系有哪些特征？

联系是指_____以及_____诸要素之间相互影响、相互制约和相互作用的关系。

联系具有_____、客观性、_____和条件性四个特征。

学点2 为什么说联系具有普遍性？联系普遍性的方法论要求是什么？

联系是普遍的。从无机界到有机界，从_____到人类社会和_____，所有事物都同其他事物处于一定的联系之中。事物内部的各个_____之间也是相互联系的。_____就是一个无限复杂的相互联系的整体，每一个事物都是这个相互联系的整体中的一部分或一个环节。

联系的普遍性要求我们把整个世界看作相互联系的统一整体，反对_____、_____看问题。

学点 3 为什么说联系具有客观性?联系客观性的方法论要求是什么?

联系是客观的。联系是事物本身所固有的,不以＿＿＿＿＿＿为转移。

联系的客观性要求我们从事物本身固有的联系出发去认识事物,不能＿＿＿＿＿＿并不存在的联系。

学点 4 为什么说联系具有多样性?联系多样性的方法论要求是什么?

联系具有多样性。事物的联系是多种多样的,有＿＿＿＿＿＿和间接联系、内部联系和外部联系、本质联系和非本质联系、必然联系和＿＿＿＿＿＿等。

联系的多样性要求我们善于把握事物＿＿＿＿＿＿的联系,针对不同的联系,采取＿＿＿＿＿＿,从而更好地指导实践。

学点 5 为什么说联系具有条件性?联系条件性的方法论要求是什么?

联系具有条件性。任何具体的联系都＿＿＿＿＿＿一定的条件,随着条件的改变,＿＿＿＿＿＿及＿＿＿＿＿＿各要素之间联系的性质和方式也会发生变化。

联系的条件性要求我们一切以＿＿＿＿＿＿、地点和条件为转移,正确分析和把握事物存在和发展的各种条件。

> **哲理名言**
>
> 一发不可牵,牵之动全身。
> ——龚自珍

二　基础训练

(一)判断题

1. 联系是普遍的,世界上任何两个事物之间都存在联系。　　　　(　　)

2. "乌鸦叫丧,喜鹊叫喜"的说法违背了联系的客观性。　　　　(　　)

3. 一切事物总是和其他事物有条件地联系着。　　　　(　　)

(二)单项选择题

1. 习近平总书记在文化传承发展座谈会上指出:"如果不从源远流长的历史连续性来认识中国,就不可能理解古代中国,也不可能理解现代中国,更不可能理解未来中国。"这表明(　　)。

A. 联系具有客观性,人无法建立新的联系

B. 联系是无条件的,任何两个事物都相互联系着

C. 联系具有普遍性,所有事物都同其他事物处于一定的联系之中

D. 联系具有多样性,不同联系对事物存在和发展的作用相似

2. 每个人从出生开始就和周围的人和环境发生着各式各样的联系。每个人扮演着不同的角色。哲学中这种现象主要反映了(　　)。

A. 联系具有普遍性　　　　　　　B. 联系具有多样性

C. 联系具有客观性　　　　　　　D. 联系具有条件性

3. 期末考试前，小林求了幸运符，考试当天他一定要把幸运符带在身上，觉得只有这样才能取得好成绩。这种做法不可取的哲学依据是(　　)。

①事物的联系是多种多样的

②人们主观臆造的联系代替不了事物固有的联系

③任何事物之间都存在着必然的联系

④联系具有客观性，不以人的意志为转移

A.①③　　　　　　B.①④　　　　　　C.②③　　　　　　D.②④

(三)分析运用题

漫画《人与自然》体现了什么哲学原理？还有哪些与其所蕴含的哲理相同的俗语或成语？

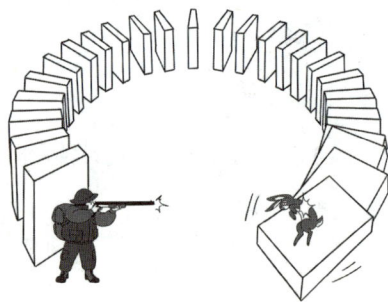

人与自然

学思践行

每年《感动中国》中的人物都会带着温暖和力量如约而至，他们或在危难中逆行，或在逆境中坚守，以凡人之力，书写中国人的年度精神史诗，感动了国人，震撼了世界。

观看最新一期的《感动中国》年度人物颁奖盛典，选取最打动你的一个人物，用联系的观点思考其言行对社会与他人产生了怎样的影响。完成《感动中国》年度人物资料卡。

《感动中国》年度人物资料卡

人物姓名	
主要事迹	
对社会的贡献	
对我的启发	

《感动中国》年度人物资料卡

第二框 在和谐共处中实现人生发展

知识盘点

在和谐共处中实现人生发展

- 整体与部分相互联系，密不可分
  整体与部分的关系，在一定意义上就是系统与要素的关系
- 在认识和处理人生问题时，要运用系统观念，立足整体，统筹全局
- 用联系的观点看待世界和人生
- 学会用联系的观点正确认识和处理
  - 人与自然的关系 → 实现人与自然和谐共生
  - 个人与社会的关系 → 实现人与社会的和谐
  - 人与自身的关系 → 促进自我身心和谐

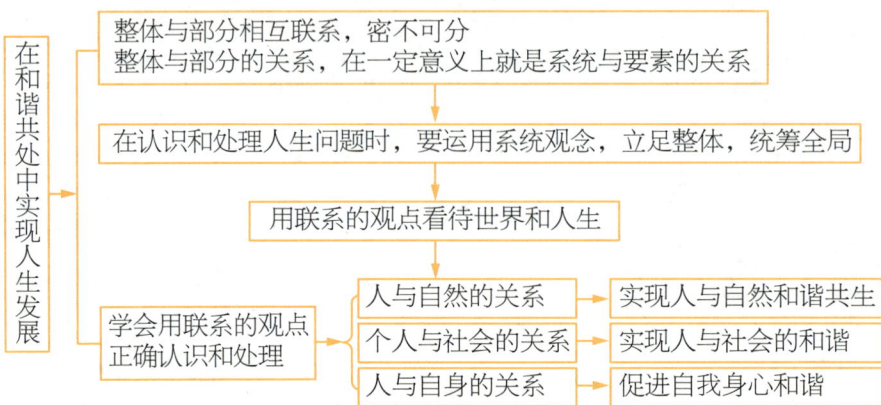

学点 1 整体和部分的辩证关系是怎样的？

整体与部分相互联系，密不可分。整体是事物的全局或发展的全过程，部分是事物的局部或发展的各个阶段。整体制约着部分，没有整体便没有部分；整体的功能、状态及其变化会影响部分。整体是由_____构成的，没有部分便没有整体；部分的_____及其_____会影响整体的功能，关键部分的功能及其变化甚至对整体的功能起_____作用。

学点 2 如何掌握系统优化的方法？

我们在生活和工作中，要注重系统的_____，善于把各个部分、各个要素联系起来考察，使整体功能大于部分功能之和。在认识和处理人生问题时，要运用_____观念，立足整体，统筹全局。同时，要重视部分的作用，善于抓住_____部分。

学点 3 如何用联系的观点正确认识和处理人与自然的关系？

要学会用联系的观点正确认识和处理人与自然的关系，实现人与自然_____。人与自然是_____，人类在同自然的互动中生产、生活、发展，人类要尊重自然、顺应自然、_____。我们要牢固树立和践行"绿水青山就是金山银山"的理念，建设美丽中国。

学点 4 如何用联系的观点正确认识和处理个人与社会的关系？

要学会用联系的观点正确认识和处理个人与社会的关系，实现人与社会的_____。在人生发展历程中，我们要充分认识到个人与社会的紧密联系，重视社会对个人发展的作用，不能_____、孤芳自赏。

学点 5 如何用联系的观点正确认识和处理人与自身的关系？

要学会用联系的观点正确认识和处理个人与自身的关系，促进自我_____。我们要养成良好生活习惯，积极参加体育锻炼，保持身体健康；要培养坚强的意志品质，养成自尊自信、理性平和、积极向上的良好心态，形成健全人格，实现_____全面发展。

启迪：

在人生发展历程中，只有正确认识和处理个人与社会的关系，立足新时代，把个人梦与中国梦结合起来，才能更好地实现个人成长成才。

哲理名言

没有全局在胸，是不会真的投下一着好棋子的。
　　　　——毛泽东

二　基础训练

（一）判断题

1. "细节决定成败"强调要重视部分的作用，善于抓住关键部分。（　　）

2. 系统作为一个整体，其功能就是每个要素的功能相加。（　　）

3. 在认识和处理人生问题时，要运用系统观念，立足整体，统筹全局。

（　　）

（二）单项选择题

1. 面对绿色低碳节能减排的倡议，有的同学认为这和自己没关系，只要有能力，想用多少资源就用多少资源，其他人和事都与自己没关系。这个观点错误之处在于（　　）。

A. 没有认识到部分可以决定整体

B. 没有认识到联系的偶然性

C. 没有立足整体，也没有从全局出发思考问题

D. 否定了意识的能动作用

2. 加强中小学心理健康工作，是全面推进素质教育的重要内容，对于促进中小学生健康成长和全面发展具有重要意义。这表明（　　）。

①心理健康比身体健康更重要

②人体是一个有机的整体，身心之间相互联系、相互影响

③要运用系统观念，用联系的观点正确处理人与自身的关系

④只要心理健康就是高素质的人才

A. ①②　　　　　　B. ①④　　　　　　C. ②③　　　　　　D. ③④

3. 习近平总书记在纪念五四运动 100 周年大会上的讲话中指出："青年的人生目标会有不同，职业选择也有差异，但只有把自己的小我融入祖国的大我、人民的大我之中，与时代同步伐、与人民共命运，才能更好实现人生价值、升华人生境界。"这段材料表明（ ）。

①个人与社会紧密联系，要重视社会对个人发展的作用

②青年在进行职业选择时要"先就业再择业"

③要学会用联系的观点正确处理个人与社会的关系

④为了大我必须牺牲小我

A.①②   B.①③   C.②④   D.③④

（三）分析运用题

如果你把一个坏苹果放在一筐好苹果里，结果你将得到一筐坏苹果。

"坏苹果法则"给我们的哲学启示是什么？列举生活中与"坏苹果法则"蕴含相同哲理的俗语、成语。

三 学思践行

生态文明建设是关系中华民族永续发展的根本大计。党的十八大以来，以习近平同志为核心的党中央以前所未有的力度抓生态文明建设，我国生态环境保护发生历史性、转折性、全局性变化，创造了举世瞩目的生态奇迹和绿色发展奇迹，绿色日益成为经济社会高质量发展的鲜明底色。我们的祖国天更蓝、山更绿、水更清了，人民群众生态环境获得感、幸福感、安全感不断增强，处处都在书写绿色的故事，创造了绿色发展奇迹。

以线上与线下相结合的方式，通过上网查找资料，实地走访景点和展馆，与家长、老师交流访谈等形式，了解你所在的地区在生态环境保护方面取得的成绩，说一说这些成果对人们的生活产生了怎样的影响。

所在地区	
在生态环境保护方面取得的成绩	
对人们生活产生的影响	

综合实践

习近平总书记从培养社会主义建设者和接班人的高度，提出"要努力构建德智体美劳全面培养的教育体系"。"德智体美劳"就像一只手的五根手指，虽各有侧重，但彼此不分家，缺少哪一方面都不能成为一个全面发展的人，"五育"之间相互渗透、相辅相成、互相促进。

结合"五育"要求，针对自己在这五个方面的实际情况，从可行性出发，完成下列提升"五育"微实践自我规划表。

提升"五育"微实践自我规划表			
规划项目	表现好的方面	表现不足之处	计划如何改进
德育			
智育			
体育			
美育			
劳动教育			

沉浸体验

央视大型文化节目《经典咏流传》用"和诗以歌"的方式让古老的诗词焕发出崭新的生命力。该节目将中华优秀的诗词文化与电视媒介丰富多样的传播手段有机结合，兼顾内容上的意境悠远和形式上的通俗易懂，把文学经典唤醒、擦亮，让古典诗词乘着歌声的翅膀尽情飞翔，以现代人喜闻乐见的方式推动中华优秀传统文化创造性转化、创新性发展。在传播形式上，节目打造出"1＋4"融媒体跨屏交互的创新模式，每一首歌曲量身定制4种不同的新媒体产品，凭借优质的内容引发裂变式传播，走进公众视野，赢得观众喜爱。《经典咏流传》带给观众的不仅是复苏文化记忆的历史呈现，更是民族文化发展的时代强音。

进入CCTV官方网站，点击播放《经典咏流传》的视频，沉浸式地体验古老诗词焕发出的崭新生命力。

第5课 用发展的观点看问题 •••

智慧导航

目标引领	理解发展的普遍性，发展的实质是新事物的产生和旧事物的灭亡，事物发展是前进性和曲折性的统一；理解一切事物都有一个不断发展和完善的过程，坚信坚持和发展中国特色社会主义是当代中国发展进步的根本方向，认同和拥护中国特色社会主义制度
	领会量变与质变的辩证关系，学会用发展的眼光看待和分析问题，正确处理人生发展中遇到的问题；明确从事职业既要脚踏实地、埋头苦干，又要善于抓住机遇，不断实现职业发展的新跨越
	正确认识和处理人生发展道路上的顺境和逆境，积极应对挫折、把握机遇，在生活实践中磨炼意志，形成乐观向上的人生态度，增强适应社会发展变化的能力
学习要点	发展的普遍性和实质
	事物变化的状态
	注重量的积累，实现质的飞跃
	正确对待顺境与逆境

探索任务

探索主题	世界是永恒发展的	
探索任务	任务1	实地参观当地博物馆，了解所在地区在经济、政治、文化、社会、生态文明建设等方面的变化与发展历程
	任务2	采访长辈，了解他们曾经使用过的通信工具，收集这些通信工具的相关信息，并与同学分享交流过去的通信工具与现在的通信工具之间的区别
	任务3	袁隆平院士一生致力于杂交水稻技术的研究、应用与推广。观看纪录片《杂交水稻之父袁隆平》，记录令自己感动的镜头，并与同学分享交流
探索途径	现场参观、书籍、网络资源等	
任务清单	步骤1：以小组为单位，合作探索	
	步骤2：每组制作调研PPT，选派代表向师生汇报调研成果	
探索记录		

第一框 世界是永恒发展的

一 知识盘点

```
                          ┌── 自然界是发展的
                ┌─ 发展的普遍性 ──┼── 人类社会是发展的
                │                └── 人的认识是发展的
                │
                ├─ 发展的实质 ──── 新事物的产生和旧事物的灭亡
  世界是         │
  永恒发展的 ──→ ├─ 发展的过程 ──── 前途是光明的，道路是曲折的
                │
                ├─ 事物变化的状态 ── 量变与质变
                │
                └─ 量变与质变的关系 ─ 量变是质变的必要准备，
                                      质变是量变的必然结果
```

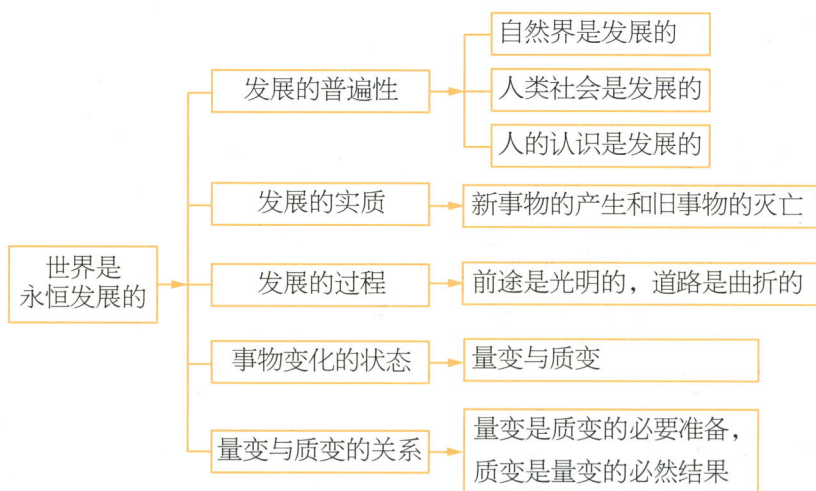

学点 1 发展的普遍性表现在哪些方面？

世界是普遍联系和永恒发展的。世界发展的普遍性表现在以下三个方面：_____是发展的，_____是发展的，_____是发展的。

学点 2 发展的实质是什么？

发展的实质是_____和旧事物的灭亡。新事物符合_____、具有强大生命力和远大发展前途；旧事物_____事物发展的必然趋势，最终会走向灭亡。

学点 3 如何理解事物发展的过程？

事物的发展是螺旋式上升、_____的过程。新事物战胜旧事物不可能一蹴而就，必然经历曲折的过程。事物发展是_____的统一，前途是光明的，道路是曲折的。我们要对新事物的发展抱有充分的信心。

学点 4 事物变化的两种基本状态或形式是什么？

事物变化的两种基本状态或形式是_____。量变是事物_____的增减和组成要素排列次序的变动，是一种较小的、不显著的变化。质变是事物_____的根本变化，是事物由一种质态向另一种质态的转变，是一种根本的、显著的变化。

学习点拨

事物都是运动变化的，发展属于运动变化。发展概念揭示的是万事万物的各种运动变化所包含的前进和上升的趋向性，即新事物的产生和旧事物的灭亡。新事物代替旧事物，这就是发展的实质。"所有的运动变化都是发展的"观点是不正确的。

案例启迪

案例：

移动通信技术的每一次代际跃迁，都极大地促进了产业升级和经济社会发展。从 1G 到 2G，移动通信技术实现了模拟到数字的过渡，移动通信走进了千家万户；从 2G 到 3G、4G，实现了从语音业务到数据业务的转变，促进了移动互联网应用的普及和繁荣。如今我国 5G 技术能力加速成熟，"5G＋应用场景"已成为发展新质生产力、推进新型工业化、加快发展数字经济的重要支撑。

学点 5 如何理解量变与质变的关系？

量变是质变的_____，质变是量变的_____。事物的发展总是从_____开始，量变达到一定程度必然引起_____。质变又为新的量变开辟道路，在新质的基础上事物又开始新的量变。如此循环往复，构成了事物变化发展的全过程。

二 基础训练

（一）判断题

1. 用变化发展的观点看问题就是辩证思维。 （ ）

2. 判定新旧事物并不是看出现时间的先后，先出现的不一定是旧事物，后出现的也不一定是新事物。 （ ）

3. "善有善报，恶有恶报"说明要坚持用变化发展的观点看问题。 （ ）

（二）单项选择题

1. 以下运动变化，属于发展的是（ ）。

①从手摇风扇到电风扇的变化

②从奴隶社会到社会主义社会的转变

③从胖到瘦的转变

④从晴天到雨天的转变

A. ①②　　　　B. ①③　　　　C. ②④　　　　D. ③④

2. 随着社会的发展进步，智能家居、智慧医疗、新能源汽车等新事物层出不穷。从辩证唯物主义的角度看，以下对新事物的认识，正确的是（ ）。

A. 发展速度快的是新事物

B. 新事物符合客观规律，具有强大生命力和远大发展前途

C. 新事物违背事物发展的必然趋势

D. 新出现的事物就是新事物

3. 习近平总书记在谈到领导班子和领导干部的工作方法时强调："我们要有钉钉子的精神，钉钉子往往不是一锤子就能钉好的，而是要一锤一锤接着敲，直到把钉子钉实钉牢，钉牢一颗再钉下一颗，不断钉下去，必然大有成效。""钉钉子的精神"体现的哲学依据是（ ）。

A. 发展具有普遍性

B. 在事物的发展中量变比质变更重要

C. 事物的发展是前进性和曲折性的统一

D. 量变达到一定程度必然引起质变

（三）分析运用题

中职生小慧刚开始接触园林专业时，对嫁接蔬菜苗、配制营养液等一无所知，但她学习专业课程特别认真。后来经选拔，她进入了学校技能大赛蔬菜嫁接团队。为了加速自己的成长，她主动利用课余时间，钻进学校的园林实训大棚，学习嫁接。她和团队成员一起进行嫁接练习，用完了几万株茄子苗，完成一株嫁接苗平均用时5秒。就是在这样的持续努力中，她最后斩获了全国职业院校技能大赛中职组植物嫁接比赛个人一等奖。

中职生小慧的故事体现了什么哲理？对你有什么启示？

三 学思践行

2024年，中华人民共和国成立75周年。在中国共产党的领导下，全国各族人民团结一心，迎难而上，奋力前行，不断发展壮大。从封闭落后迈向开放进步，从温饱不足迈向全面小康，从积贫积弱迈向繁荣富强，创造了一个又一个人类发展史上的伟大奇迹。中华民族迎来了从站起来、富起来到强起来的伟大飞跃，正阔步走在中华民族伟大复兴的新征程上。可以说新中国成立以来的历史，就是一部与新事物同行、与新事物共成长的历史。

通过参观网上展馆、观看纪录片等形式感受实现中华民族实现伟大复兴的壮美身影和铿锵步伐。搜集新中国成立以来在经济、政治、文化、社会、生态文明建设领域的新事物，与同学分享交流。

观看的内容	
列举新中国成立以来的新事物	

笔 记

第二框　用发展的观点处理人生问题

一　知识盘点

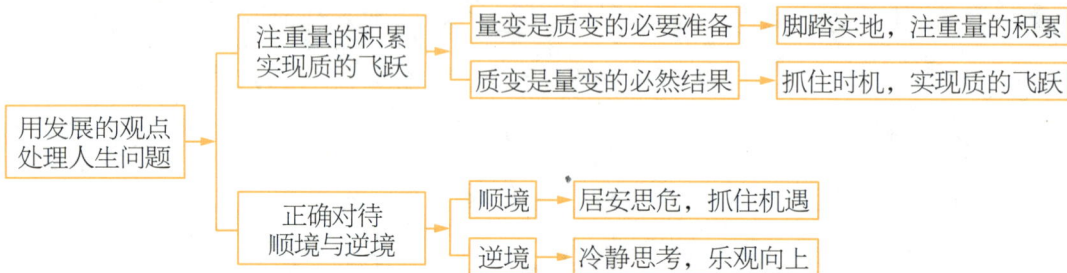

学点 1　在人生发展中如何注重量的积累、实现质的飞跃？

人生是一个发展的过程，我们要＿＿＿＿＿＿，注重量的积累，用勤劳的汗水为实现人生的理想和抱负奠定坚实的基础。

要＿＿＿＿＿＿，实现质的飞跃。在量变已经达到一定程度，只有改变事物原有的＿＿＿＿＿＿才能向前发展时，要果断地抓住时机，促成质变，实现事物的飞跃。

学点 2　顺境和逆境在人生发展中起什么作用？

人生发展有顺境也有逆境。顺境为人生发展提供机遇和＿＿＿＿＿＿，可以让我们的才能得到自由充分的发展，但也容易使人安于现状，缺乏危机感和奋斗的动力。逆境会使我们受到一时的挫折，但只要我们正确对待，就可以＿＿＿＿＿＿，积累经验，促使我们奋发向上。

学点 3　如何正确认识和处理人生发展中的顺境？

在顺境中，要＿＿＿＿＿＿、有忧患意识，善于＿＿＿＿＿＿，促进自身发展；如果安逸懈怠、不思进取，就会出现逆境。

学点 4　如何正确认识和处理人生发展中的逆境？

在逆境中，不要消极悲观、畏难退缩、自暴自弃，而要＿＿＿＿＿＿、善于反思，以＿＿＿＿＿＿的心态勇于面对困难，应对挫折，从而度过逆境，迎来顺境。

二 基础训练

(一)判断题

1.“千里之行，始于足下。”这句话说明人生路上我们要脚踏实地，即使有再远大的目标，也要从实实在在的小事做起。　　　　　　　　（　　）

2.符合客观规律的事物前途都是光明的，道路肯定也是一帆风顺的。

（　　）

3.歌曲《阳光总在风雨后》中有句歌词：“人生路上甜苦和喜忧，愿与你分担所有。难免曾经跌倒和等候，要勇敢地抬头。”它告诉我们人生路上会有顺境，也会有逆境。　　　　　　　　　　　　　　　　（　　）

(二)单项选择题

1.“不积跬步，无以至千里；不积小流，无以成江海。”这句话的启示是（　　）。

A. 人生是一个发展的过程，我们要脚踏实地，注重量的积累

B. 人生路上要善于抓住机遇，攀登高峰

C. 要正确认识顺境和逆境

D. 发展的实质是新事物的产生和旧事物的灭亡

2.有的同学想当学生会干部没被选上，有的同学想入团没被批准，有的同学在参加比赛的过程中有失误，有的同学家庭发生变故……这些现象告诉我们（　　）。

A. 有的人会遇到逆境，有的人会遇到顺境

B. 人生难免会经历挫折

C. 为了早日成才，困难和挫折越多越好

D. 顺境比逆境更容易成功

3.马克思说：“人要学会走路，也得学会摔跤。而且只有经过摔跤，他才能学会走路。”这句话表明（　　）。

①人生发展只有逆境，没有顺境

②人生发展有顺境，也有逆境

③事物的发展是必然性和偶然性的统一

④事物的发展是前进性和曲折性的统一

A.①②　　　　　　B.①③　　　　　　C.②④　　　　　　D.③④

案例启迪

案例：

　　司马迁是西汉著名的史学家、文学家、思想家。司马迁十岁始读古文典籍，二十岁后遍游南北，考察风俗，采集传说。初任郎中，元封三年(前108年)其继父职，任太史令。天汉二年(前99年)，司马迁因故触怒汉武帝，获罪下狱，受腐刑。司马迁在狱中身心备受摧残，但他在逆境中忍辱负重，决心著书。出狱后，司马迁任中书令，他发愤图强，完成《太史公书》，后称《史记》。《史记》是中国最早的纪传体通史，其语言生动，形象鲜明，对后世史学和文学影响深远。

启迪：

　　人生发展有顺境也有逆境，我们要用发展的观点正确认识和处理人生道路上的顺境与逆境。

哲理名言

人心若波澜，世路有屈曲。

——李白

（三）分析运用题

材料1：中国社会主义改革开放和现代化建设的总设计师邓小平一生经历三落三起，最终为开创中国特色社会主义道路作出了杰出贡献。

材料2：著名作家高尔基的童年十分不幸，他幼年丧父，寄居在外祖父家。他捡过破烂，当过学徒，做过搬运工、杂货店伙计等，饱尝生活的辛酸。但他酷爱读书，阅读了大量的文学作品。他在逆境中的经历使他对生活有了深刻的认识，为后来的文学创作提供了丰富的素材。高尔基于1892年发表了他的第一篇小说，从此开始了他的文学创作生涯，后来成为一名伟大的作家。

1. 上述两段材料体现了什么哲学原理，对我们的现实生活有什么指导意义？

2. 当你在人生路上遭遇同样的际遇时，你会怎么办？

三　学思践行

人生犹如一幅多彩的画卷，有顺境也有逆境，我们不只会经历阳光普照的日子，也会面对风雨交加的日子。学会辩证地看待顺境和逆境的关系，有助于我们正确对待人生路上的困难、挫折、失败，助力我们成长成才。

以"是顺境有利于人的成长，还是逆境有利于人的成长"为辩题，组织一场辩论赛。

活动要求：按照辩论赛的规则开展活动，要求辩论双方认真准备，摆事实、讲道理，以理服人，文明辩论。

综合实践

　　人工智能是引领新一轮科技革命和产业变革的重要驱动力。近年来，人工智能技术在诸多领域不断取得重大突破，其发展速度之快、影响程度之深，前所未有。人工智能在给现代生活带来极大便利的同时，对各行各业也产生了深远影响。新技术赋能千行百业，推动传统产业数字化转型，向高端化、智能化发展。

　　结合所学专业，查阅资料，记录人工智能等新技术对所学专业带来的影响。结合这些影响，谈谈在新技术不断迭代的背景下，自己如何更好地调整职业生涯规划，选择未来的发展方向。

人工智能等新技术对本专业的影响	职业生涯规划的调整	我在新时代的发展方向

沉浸体验

　　农业农村现代化是中国式现代化的重要内容。二十多年前，"千村示范、万村整治"工程（简称"千万工程"）在浙江开启，深刻改变了浙江乡村面貌，造就了万千美丽乡村，实现了浙江农村美丽蝶变，形成了中国式现代化道路在乡村基层的实践样本。二十多年来，浙江每五年出台一个行动计划，每个重要阶段出台一个实施意见，根据不同发展阶段和发展需求确定整治重点，先易后难、层层递进。从"千村示范、万村整治"引领起步，到"千村精品、万村美丽"深化提升，再到"千村未来、万村共富"迭代升级，紧跟时代、创新迭代是"千万工程"到如今仍能焕发蓬勃生机、不断赋予浙江农村发展新内涵的内在基因。下一步，浙江将加快构建"千村引领、万村振兴、全域共富、城乡和美"的"千万工程"新格局。

　　系列纪录片《千万工程》深入浙江乡村，访当年人、忆当年事，全景展现浙江乡村万千变化，也向全世界展示了乡村振兴的中国式现代化发展道路。观看该纪录片，感受浙江乡村的变化与发展。

第6课　用对立统一的观点看问题 • • •

智慧导航

目标引领	理解矛盾的观点及其在事物发展中的作用，感悟矛盾发展对自身成长的作用；正确认识自我发展与外部环境的关系，正确认识和处理人生发展的矛盾，培养乐观进取、不怕挫折的人生态度
	理解矛盾普遍性与特殊性的辩证关系，正确认识中国式现代化既有各国现代化的共同特征，更有基于国情的中国特色，坚持和拥护党的领导，认同和拥护中国特色社会主义制度，坚定中国特色社会主义道路自信
	掌握矛盾分析法，坚持两点论和重点论的统一，把握内因与外因的辩证关系；积极面对人生矛盾，坚持具体问题具体分析，在解决矛盾的过程中提高公共参与能力，增强法治意识
学习要点	矛盾是事物发展的源泉和动力
	矛盾的普遍性和特殊性
	坚持两点论与重点论的统一
	坚持内因与外因相结合
	坚持具体问题具体分析

探索任务

探索主题	对立统一规律是事物发展的根本规律	
探索任务	任务1	采访身边优秀的同学，了解他们成长背后的故事，和同学分析讨论是什么推动了他们的成长与进步
	任务2	屠呦呦是中国首位诺贝尔生理学或医学奖得主，她为中医药科技创新和人类健康事业作出了重要贡献。通过阅读书籍《屠呦呦传》或观看纪录片，感受屠呦呦团队的奋斗之路
	任务3	《中华人民共和国民法典》起草于1954年，2021年正式生效，它的编纂之路走了整整66年。查阅资料，了解《中华人民共和国民法典》编纂的艰辛历程
探索途径	书籍、网络资源等	
任务清单	步骤1：以小组为单位，合作探索	
	步骤2：每组制作调研PPT，选派代表向师生汇报调研成果	
探索记录		

第一框　对立统一规律是事物发展的根本规律

一　知识盘点

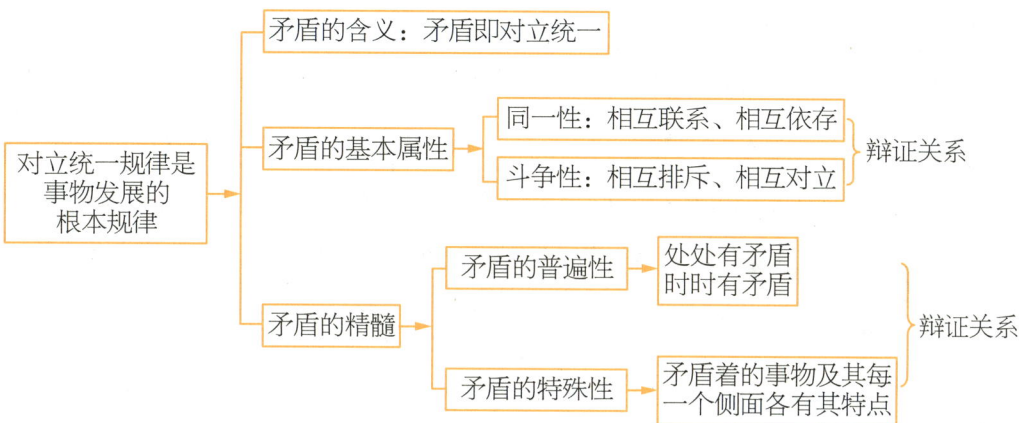

学点 1　矛盾的含义是什么？矛盾的两种基本属性是什么？

　　世界上的一切事物都包含着既相互对立又相互统一的两个方面，这种_____的关系就是矛盾。

　　矛盾的两种基本属性是同一性和斗争性。

学点 2　什么是矛盾的同一性？什么是矛盾的斗争性？两者有什么关系？

　　矛盾的同一性不能脱离斗争性而存在，是包含着_____的同一；矛盾的斗争性也不能脱离同一性而存在，斗争性寓于同一性之中并被其制约。

学点 3　为什么说矛盾是事物发展的源泉和动力？

　　矛盾是事物发展的_____。一方面，矛盾双方_____，一方的存在以另一方的存在为前提，使事物得以稳定存在；矛盾双方相互渗透，吸取对方的有利因素促进自身发展和事物发展；矛盾双方相互向对立面转化，规定着事物发展的趋势。另一方面，矛盾双方力量_____，为事物的质变做量的准备；矛盾双方各自到达极限时矛盾分解，实现事物的质变。

学点 4　为什么说矛盾具有普遍性？

　　矛盾具有普遍性。矛盾存在于_____之中，无论是自然界、人类社会还是人的思维中都存在矛盾，可谓处处有矛盾；矛盾贯穿于一切事物发展过程的_____，事物从产生、发展直到消亡始终存在矛盾，可谓时时有矛盾。

学点 5　矛盾的特殊性主要包括哪三种情形？

一是_____有不同的矛盾，这些不同的矛盾构成了一事物区别于他事物的特殊本质；二是同一事物在发展的_____和阶段上有不同的矛盾；三是同一事物中的不同矛盾、同一矛盾的_____也各有其特殊性。

学点 6　矛盾的普遍性和特殊性之间有什么关系？

矛盾的普遍性和特殊性_____。一方面，普遍性寓于特殊性之中，并通过特殊性表现出来；另一方面，特殊性_____普遍性，不包含普遍性的事物是不存在的。在一定条件下，矛盾的普遍性与特殊性_____，即在这个场合为普遍性的东西，在另一个场合则变为特殊性的东西；反之亦然。

二　基础训练

（一）判断题

1. 进入共产主义社会的时候，整个社会就不存在矛盾了。　　（　　）

2. "塞翁失马，焉知非福"的故事，生动地说明了矛盾具有普遍性，即矛盾存在于一切事物的发展过程之中。　　（　　）

3. "从群众中来，到群众中去"的工作方法体现了矛盾的普遍性和特殊性。　　（　　）

（二）单项选择题

1. 毛泽东在《矛盾论》里说道："矛盾存在于一切事物的发展过程中……没有什么事物是不包含矛盾的，没有矛盾就没有世界。"这表明（　　）。

①矛盾具有普遍性

②矛盾具有特殊性

③事物的矛盾无处不在、无时不有

④同一性和斗争性是矛盾的两种基本属性

A．①②　　　　　B．①③　　　　　C．②④　　　　　D．③④

2. 读史使人明智，读诗使人灵秀，数学使人周密，科学使人深刻，伦理学使人庄重，逻辑修辞之学使人善辩。这段话体现了（　　）。

A．人生处处有矛盾

B．矛盾的特殊性构成了一事物区别于他事物的特殊本质

C. 事物在发展的不同过程和阶段上有不同的矛盾

D. 同一矛盾的不同方面也各有其特殊性

3. 抗生素在人类治疗细菌感染性疾病中发挥着重要的作用，但同时也导致了人类抗药性的增强，对健康存在潜在的威胁。这一事例告诉我们的哲学道理是（　　）。

A. 不要使用抗生素

B. 事物是永恒发展的

C. 世界上的一切事物都包含既相互对立又相互统一的两个方面

D. 要坚持一切从实际出发

（三）分析运用题

如今，走进浙江的农村，令人眼前一亮的是每个村子都有不同的乡土风貌、精神气象。在推进"千万工程"的过程中，浙江既最大限度地尊重了农村发展的原貌，也遵循了不同村子自身发展的规律，"量身定制"出了多姿多彩的美丽乡村。

到什么山唱什么歌。"千万工程"从一开始就注重"千村千面""万村万象"，立足不同村的具体情况，分类确定建设模式，制定"一村一策"，推动形成"一村一品""一村一韵"。正是掌握了因地制宜、分类施策的科学方法，不搞整齐划一、不做过头事，才让浙江千万乡村找到了适合自己的"最优解"，各美其美、美美与共。

结合材料，运用矛盾普遍性和特殊性辩证关系原理分析浙江"千万工程"成功的原因。

💡 三　**学思践行**

"大国工匠"马小光是一位数控铣工。马小光从一名技校毕业的学徒工成长为中国兵器工业首席技师，荣获过"全国技术能手""全国五一劳动奖章""中央企业先进个人""全国劳动模范"和"中华技能大奖"等多项荣誉，拥有以自己名字命名的国家级技能大师工作室。

笔　记

请同学们上网搜索观看《大国工匠》，认识精益求精的数控铣工马小光，了解大国工匠马小光是如何面对挑战走向成功的。结合马小光的事迹，思考应如何面对自己人生发展中的矛盾。

马小光的主要事迹	
马小光面对职业挑战与矛盾时的做法	
如何面对自己人生发展中的矛盾	

第二框　正确认识和处理人生矛盾

知识盘点

学习点拨

具体问题具体分析是正确认识事物的基础，是正确解决矛盾的关键。对待人生矛盾也要学会具体问题具体分析，不能随波逐流、人云亦云。在实际生活中只有正确对待矛盾、解决矛盾，才能健康成长。

学点 1　主要矛盾和次要矛盾是什么？

在事物发展过程中有多种矛盾，处于支配地位、对事物发展起_____的矛盾就是主要矛盾；处于从属地位、对事物发展不起决定作用的矛盾就是_____。

学点 2　如何理解同一矛盾的主要方面和次要方面？

每一矛盾都有两个方面，其中必有一方处于支配地位、起主导作用，这就是矛盾的_____；处于被支配地位、从属状态的一方就是矛盾的_____。

事物的性质主要是由_____的主要方面决定的。矛盾的主要方面和次要方面相互作用，在一定条件下双方的地位相互转化。

学点 3　什么是两点论和重点论？坚持两点论和重点论相统一的依据是什么？

在认识复杂事物的发展过程时，既要看到主要矛盾，又要看到次要矛盾；在认识某一矛盾时，既要看到矛盾的主要方面，又要看到矛盾的次要方面，这就是_____。要着重把握事物发展过程中的主要矛盾，着重把握某一矛盾中的主要方面，这就是_____。

主要矛盾与次要矛盾、矛盾的主要方面与次要方面的辩证关系要求我们，想问题办事情要坚持_____的统一，既要全面分析，又要善于抓住重点和主流。

案例启迪

案例：

人工智能深刻影响着人类的生产、生活和交往方式，在为经济社会发展带来机遇的同时，也潜藏着难以预知的风险和挑战。中国站在构建人类命运共同体的高度，向全世界发布《全球人工智能治理倡议》，围绕人工智能发展、安全、治理三方面系统阐述人工智能治理的中国方案，坚持发展与安全并重的系统思维。

学点 4 内因与外因是什么？两者有什么关系？

事物内部的矛盾，是事物内部的＿＿＿＿＿＿，即内因；事物外部的矛盾，是事物与其他事物之间的对立统一，即外因。

事物发展是内因与外因共同作用的结果。＿＿＿＿＿＿是事物变化发展的根据，事物的变化发展主要是由内因引起的。外因是事物变化发展的必要条件，但＿＿＿＿＿必须通过内因才能起作用。

学点 5 为什么要坚持具体问题具体分析？

具体问题具体分析是＿＿＿＿＿＿＿＿的基础。只有具体分析事物矛盾的＿＿＿＿＿＿，才能把不同的事物区分开来，从而正确认识事物。

具体问题具体分析是＿＿＿＿＿＿＿＿的关键。事物的矛盾各不相同，决定了处理和解决矛盾的方法也各不相同。只有对具体问题做具体分析，把握事物矛盾的特殊性，才能找到解决不同矛盾的正确方法。

二 基础训练

（一）判断题

1. 反腐中坚持"老虎""苍蝇"一起打，有腐必反、有贪必肃，体现了两点论和重点论相统一的原则。　　　　　　　　　　　　　　　　（　　）

2. 著名诗人歌德有一首小诗："少年，我爱你的美貌；壮年，我爱你的言谈；老年，我爱你的德行。"这首诗告诉我们不同的事物有不同的特点。（　　）

3. "师傅领进门，修行在个人。"这句话说明外因是通过内因起作用的。

　　　　　　　　　　　　　　　　　　　　　　　　　　　　（　　）

（二）单项选择题

1. "擒贼先擒王"告诉我们在处理人生矛盾时（　　）。

A. 要坚持两点论和重点论相统一

B. 要敢于承认矛盾、正视矛盾

C. 要用普遍联系的观点看问题

D. 要着重把握事物发展过程中的主要矛盾

2. 具体问题具体分析是马克思主义的活的灵魂，也是正确认识与处理人生矛盾的重要方法。下列选项中，能正确体现这一方法论要求的是（　　）。

①城市建设和治理都应采用现代化标准，只有这样才能让城市的发展更加现代化和国际化

②职业生涯规划强调"因人而异"，每位同学都应依据个人实际情况进行科学规划

③中医讲究"同病异治"，不同的感冒用药就截然不同

④某校强制推广"状元学习法"，要求所有学生统一采用相同的作息与学习模式

A. ①②　　　　　B. ①④　　　　　C. ②③　　　　　D. ③④

3. 毛泽东在《矛盾论》中指出："鸡蛋因得适当的温度而变化为鸡子，但温度不能使石头变为鸡子。"这句话体现的哲学原理是（　　）。

A. 量变是质变的前提和基础

B. 内因对事物的发展起决定作用

C. 事物之间的联系具有普遍性

D. 矛盾具有普遍性和特殊性，要具体问题具体分析

（三）分析运用题

某职业学校在评价学生的时候，不唯分数论，采取了多元的评价维度，设置了"文明之星""体育之星""劳动之星""音乐之星""学习之星""科创之星"等奖项，在鼓励学生认真学习的同时，努力发现每一个学生身上的闪光点，营造阳光积极的校园文化氛围。

运用"坚持具体问题具体分析"的相关知识，分析这所职业学校评价学生采用多元评价维度的合理性。

三 学思践行

俗话说："三百六十行，行行出状元。"请选取一个本校的优秀毕业生，从内因和外因两个方面分析其成功的原因，并说一说对你个人的成长成才有什么启示。

人物简介	
优秀事迹	
成功的内因	
成功的外因	
获得的启示	
可以跟学的行动	

笔 记

综合实践

　　我国丰富的非物质文化遗产，如皮影戏、剪纸、扎染、木版年画、传统节庆等，是中华民族智慧的结晶，需要代代相传。然而，许多非遗项目却面临传承危机：固守传统可能难以融入现代生活，过度创新又可能失去文化根基。如何平衡"原汁原味的传承"与"与时俱进的创新"，是守护非遗的关键。

　　活动任务：选择一项你感兴趣的或家乡的非遗项目，让更多人了解和喜欢这项非遗。设计一个小而具体的创新行动计划(如用年画图案设计一组国潮手机壳等)，并写明设计这个创新行动计划时，为了守护和传承好非遗，你会坚持哪一条最重要的原则(如手机壳的图案必须准确还原年画经典配色和主体纹样)。

　　非遗项目推荐：_____

　　非遗项目介绍：_____

　　创新行动设计：_____

　　坚持的原则：_____

沉浸体验

　　《智能时代》是由中央广播电视总台出品的纪录片。该纪录片旨在从国际视野的背景下探究人工智能技术如何打开全新的智能时代。它围绕人工智能的诞生与发展、创新突围并赋能生产生活、解决城市问题、挑战技术安全伦理、重塑人的价值以及未来方向六个方面，追溯历史，观照现实，展望未来，在开放的态度下，展开对智能时代的探索思考，深层次呈现与人工智能紧密相关的技术突破、科学哲学、道德伦理、人类发展等多维度属性。

　　通过CCTV官方网站进行观看学习，用对立统一的观点看待人工智能的发展，感受时代之变。

评价反思

评价项目		评价内容	自评	他评	师评
学习态度与习惯（20分）	学习态度	积极主动参与学习，有进取心，学习兴趣浓厚，求知欲强			
	学习习惯	课前做好学习准备，上课认真听讲，按时完成作业			
学习行为与表现（80分）	课堂（60分）	自主学习	遇到疑惑能在学习过程中及时解决			
		知识掌握	"智慧导航"中每一个知识要点的理解基本到位，并能构建知识之间的内在逻辑联系			
		表达展示	回答问题时表达准确、流利、有条理；展示成果与"探索任务"具有一致性			
		交流合作	积极主动地与小组同学配合，能耐心地倾听、吸纳他人的观点			
		搜集整理	能够搜集相关的资料，整理资料能力强，搜集到的信息全面且有条理			
		作业情况	在规定的时间内自觉完成作业，存在疑惑时能及时向老师、同学请教			
	课外（20分）	实践活动	能够认真完成课后"学思践行"与"综合实践"，并且主动和同学分享			
自评总分		建议：			
他评总分					
师评总分					
我的学习反思					

第三单元
实践出真知　创新增才干

第 7 课　实践出真知 ●●●

智慧导航

目标引领	理解实践是认识的基础，认同马克思主义的实践观和中国共产党始终坚持把马克思主义基本原理同中国具体实际相结合的理念，增强积极投身中国特色社会主义建设的自觉性
	理解实践与认识的辩证关系和辩证运动，在实践中不断提高认识水平、增长才干，在做中学、学中做，培育职业精神，做新时代的新型劳动者
	坚持实践第一、理论联系实际，在实际生活中做到知行合一，积极参加公益活动、公共服务，勇于承担社会责任
学习要点	实践是认识的基础
	实践与认识的辩证运动
	理论联系实际
	知行合一

探索任务

探索主题	实践和认识的辩证关系	
探索任务	任务 1	选择本专业学习中的一个关键操作技能，结合课本的讲解进行尝试，记录自己操作时的经验与教训，开展小组交流，向老师请教相关要点并进行总结。总结后重新进行操作实践，体验技能学习中实践与认识的辩证关系
	任务 2	结合自己的兴趣、专业等，选择纪录片《技能人生》其中一集观看，感受纪录片中的技能人才是怎样在理论联系实际的实践中练成"绝技"的
	任务 3	进入国家博物馆"真理的力量——纪念马克思诞辰 200 周年主题展览"网上展厅，重点参观第二篇章"马克思主义中国化的光辉历程"，感受中国共产党坚持理论联系实际，推进马克思主义中国化时代化的历程
探索途径	实践练习、网络资源等	
任务清单	步骤 1：以小组为单位，合作探索	
	步骤 2：每组制作调研 PPT，选派代表向师生汇报调研成果	
探索记录		

第一框　人的认识从何而来

一　知识盘点

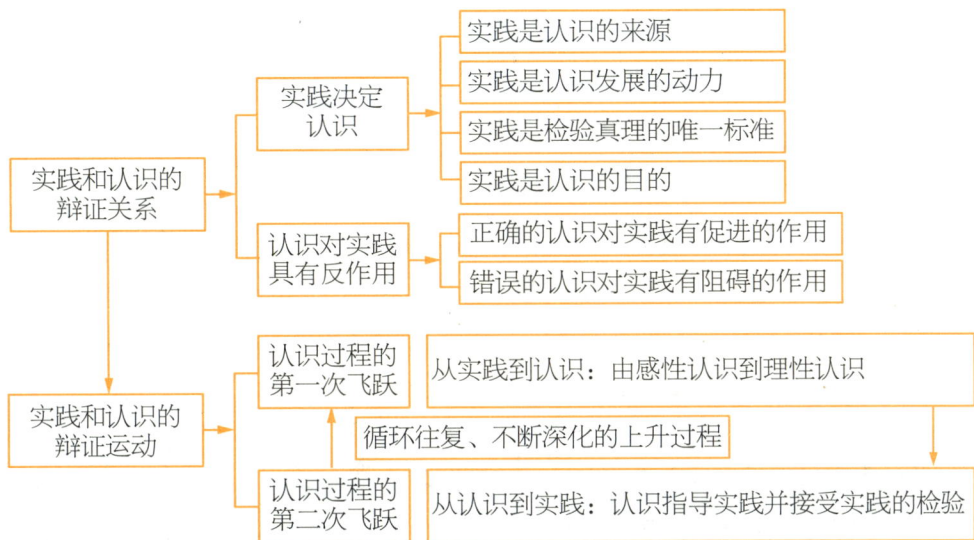

学点 1　为什么说实践是认识的基础?

实践是认识的_____。人的认识是在实践活动的基础上产生和发展的。离开实践，认识是不可能产生的。

实践是认识发展的_____。实践的需要推动认识的产生和发展，实践不断产生新问题，提出新要求，推动人们进行新的探索和研究。实践为认识提供新工具，弥补人类认识器官的不足，促进人类认识的发展。实践还改造着我们的主观世界，人类在改造客观世界的同时，自身的认识能力也在不断提升，从而推动认识不断发展。

实践是检验真理的_____。认识不能检验自身是否符合客观实际，客观事物自身也不能回答认识是否正确反映了它，而实践具有把主观认识和客观事物联系起来的特性，能够检验主观认识是否符合客观事物，从而检验认识是否具有真理性。

实践是认识的_____。认识从实践中来，最终还要回到实践中去。认识本身不是目的，_____才是认识的目的。

学点 2　实践和认识有怎样的辩证关系?实践与认识是怎样辩证运动的?

实践_____认识，认识对实践具有_____。

人们认识事物的过程，是一个从实践到认识，再从认识到实践的

_____的过程。实践与认识的辩证运动，是一个循环往复、不断深化的_____。实践是永恒的、不断发展的。在把认识付诸实践的过程中，总会遇到新的情况，发现新的问题，形成新的认识。客观现实世界的运动变化永远没有完结，人们在实践中对于真理的认识也就永远没有完结。

学点 3　认识过程的两次飞跃是什么？

从_____，是认识过程的第一次飞跃。在这个过程中，人的认识活动主要表现为在实践的基础上由感性认识到理性认识的飞跃。

从_____，是认识过程的第二次飞跃。在这次飞跃中，第一次飞跃所形成的认识被用来指导实践并接受实践的检验。

二　基础训练

(一)判断题

1. 真理要通过历史发展来证明，而实践是检验真理的唯一标准。（　　）

2. 离开实践，认识是不可能产生的，所以每个人都只能在实践中获取认识。　　　　　　　　　　　　　　　　　　　　　　（　　）

3. 实践与认识的辩证运动，是一个循环往复、不断深化的上升过程。

（　　）

(二)单项选择题

1. "物有甘苦，尝之者识；道有夷险，履之者知。"这句话告诉我们（　　）。

①实践是认识的来源

②人的认识先是感性认识，再是理性认识

③实践是检验真理的唯一标准

④万事万物的运动都具有其自身规律性

A.①②　　　　　　B.①③　　　　　　C.②④　　　　　　D.③④

2. 陶文濬在青年时代受王阳明"知者行之始，行者知之成"观念的影响，改名为"知行"。经过十几年的教育实践和研究，他进一步提出了"行是知之始，知是行之成"，并改名为"行知"。他对"知""行"关系认识变化的过程充分体现了（　　）。

A. 认识能反作用于实践

B. 人的认识一定能够正确指导实践

C. 实践是认识发展的动力

D. 错误的认识对实践有阻碍的作用

启迪：

实践具有把主观认识和客观事物联系起来的特征。陶弘景通过实践纠正了流传已久的谬误，体现了实践能够检验认识是否符合客观事物的作用。

哲理名言

故知者非真知也，力行而后知之真也。

——王夫之

3. 作为中职学生，我们的专业课学习中把大量时间用于操作练习，在熟练操作中逐渐掌握技能；但同时我们也必须学习相关理论知识，了解专业相关行业的前沿资讯。之所以这样安排是因为（　　）。

①离开实践，认识是不可能产生的

②实践决定认识，认识反作用于实践

③实践是我们获得认识的唯一途径

④人们认识事物的过程，是一个从实践到认识，再从认识到实践循环但不发展的过程

A.①②　　　　　B.①③　　　　　C.②④　　　　　D.③④

（三）分析运用题

一位农夫要把一头从未耕过田的小牛拉去耕田，一位老者看见了阻止道："不会耕田，怎能下田？"农夫笑着反问："不让下田，怎会耕田？"

你支持谁的观点？结合认识和实践的知识说明理由。

三 学思践行

参与校企合作、跟岗识岗等活动，走访本专业对应行业的企业，体验实际岗位操作，与在职员工交流，了解生产流程和规章制度等，把自己走访所得填在下表中。

走访企业		体验岗位	
走访前的岗位印象			
走访后对企业和岗位的认识			
走访结束后对本专业的认识			
我的收获（结合哲学原理）			

第二框 坚持实践第一的观点

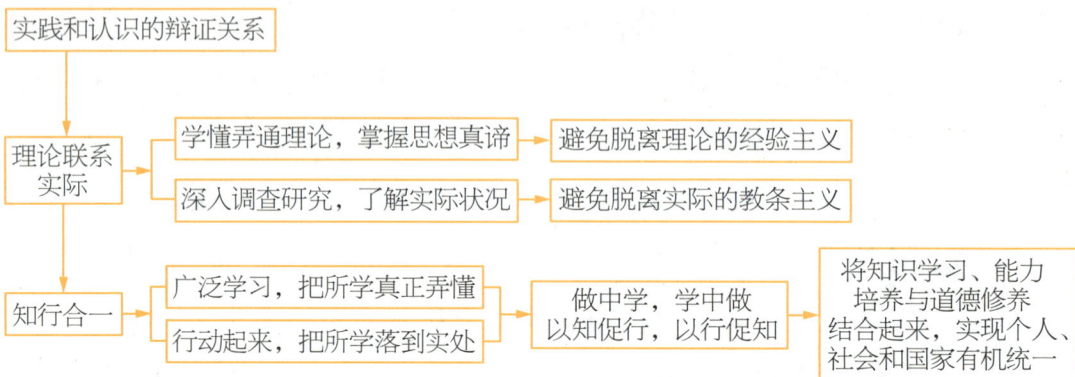

实践决定认识，要求理论（认识）必须联系实际，而不是实际联系理论；认识对实践具有反作用，就要求重视认识的反作用，特别是科学理论对实践的指导作用。

案例启迪

案例：

1848年，《共产党宣言》问世，标志着马克思主义的诞生。同年，欧洲爆发了大规模的革命运动，马克思、恩格斯奔赴革命第一线。他们在《共产党宣言》中阐释的理论在这场革命实践中得到了有效检验。尽管革命未能成功，但他们通过对这场革命进行科学总结，进一步发展了马克思主义的党的学说和党的建设理论，为无产阶级政党建设提供了重要的理论指导。

学点1 实践与认识的辩证关系对我们提出了什么要求？

实践与认识的辩证关系要求我们坚持＿＿＿＿＿＿＿＿。认识的目的不仅在于解释世界，更重要的在于改造世界，认识为实践提供理论指导，解决现实中的实际问题。

实践与认识的辩证关系要求我们做到＿＿＿＿＿＿。我们既要主动学习各种知识，又要将学到的知识运用于实践。

学点2 经验主义和教条主义有什么特征？

经验主义轻视理论，夸大＿＿＿＿＿＿的作用，把局部经验当作普遍真理，在实际工作中狭隘保守、目光短浅。

教条主义把书本上的个别词句当作僵化的教条，生搬硬套，拒绝对＿＿＿＿＿＿进行＿＿＿＿＿＿。

学点3 怎样才能做到理论联系实际？

理论联系实际，要学懂弄通理论、掌握思想真谛，避免脱离理论的经验主义。我们要加强理论学习，把感性的经验不断上升为更具条理性、综合性的理论，用＿＿＿＿＿＿指导具体实践。

理论联系实际，要深入调查研究、了解＿＿＿＿＿＿，避免脱离实际的教条主义。要重视调查研究，对客观实际情况进行深入了解，把事情的真相和全貌调查清楚，把问题的＿＿＿＿＿＿和＿＿＿＿＿＿把握准确，把解决问题的思路和对策研究透彻。

学点 4 怎样才能做到知行合一？

要广泛吸收_____。要多读书、读好书、善读书，把读书学习当成一种生活习惯、人生态度和精神追求。

不能做坐而论道的清谈客，而要做起而行之的_____。要在认真学习的基础上行动起来，真正把自己所学落到实处。

在学习和工作中，坚持做中学、学中做、学以致用、用以促学、学用相长，做到以知促行、以行促知。

要将自己所学与社会需要统一起来，将个人成才与国家发展统一起来，将知识学习、能力培养与道德修养结合起来，实现_____、_____和_____的有机统一。

二 基础训练

(一)判断题

1. 理论联系实际，说明对实际情况的调研远重于对理论的学习。（　　）

2. 马克思主义中国化时代化的不断推进就是理论联系实际的生动写照。
（　　）

3. 我们不但要做到知行合一，还要将个人成才与国家发展统一起来。
（　　）

(二)单项选择题

1. "要学会游泳，首先要下水。"这启示我们，要学习任何一项技能都必须（　　）。

A. 学习科学的技术理论　　　　B. 坚持实践第一的观点

B. 学懂弄通与它相关的原理　　D. 理论联系实际

2. 1930 年 5 月，毛泽东写下《反对本本主义》一文，标志着毛泽东思想的"活的灵魂"的三个方面，即实事求是、群众路线、独立自主的思想初步形成，初步解决了怎样把马克思主义基本原理同中国具体实际相结合的根本原则问题。"没有调查，没有发言权"针对的是当时党内的哪一错误？它启示我们要避免这一错误应该怎么做？（　　）。

A. 教条主义　重视调查研究，对客观实际情况进行深入了解

B. 教条主义　把理论学懂弄通、掌握真谛

启迪：

马克思主义是马克思、恩格斯在积极参加工人运动的实践中，批判地吸取人类思想文化的优秀成果，逐渐形成的崭新的科学思想体系，而后又在指导世界工人运动的实践中不断发展完善。马克思主义的诞生和发展，本身就是理论联系实际的伟大成果。

哲理名言

没有实际的理论是空虚的，同时没有理论的实际是盲目的。
——徐特立

C. 经验主义　把握事情的真相和原貌

D. 经验主义　理论联系实际

3. 很多人认为，跑步的时候出汗越多，减脂效果越好。事实上，出汗是为了散热，以维持人体的正常体温，出汗的多少与脂肪的消耗没有直接的关系。这启示我们(　　)。

A. 民间的生活经验都是不可取的

B. 生活经验与科学研究往往是相悖的

C. 要理论联系实际，避免脱离理论的经验主义

D. 要加强理论学习，避免接触感性的经验

(三)分析运用题

习近平总书记多次谈到"知行合一"。他指出："'知'是基础、是前提，'行'是重点、是关键，必须以'知'促'行'、以'行'促'知'，做到知行合一。"

结合自己的学习和实践经历，谈一谈如何做到理论与实践相结合，如何做到知行合一。

三 学思践行

社会实践活动是我们践行知行合一的重要途径。参加一次学校或班级组织的社会实践活动，将自己所学与社会需要结合起来。活动前后填好下表，并反思如何在专业学习中做到知行合一。

社会实践活动名称	
活动需要运用到的知识	
活动开展情况	
活动对自己的成长有哪些帮助	
活动后的反思	

综合实践

"知行合一"行业调研活动

中职各个专业都有对应的职业群，请以小组为单位，每组选择一个本专业对应的职业群和所对应的行业，通过实践活动与理论学习相结合，知行合一，思考自己未来的职业环境和责任。

活动目标

1. 深入了解目标行业的发展现状和未来趋势，通过实地考察和与业内人士交流，提高自己对目标行业的理解。

2. 通过实践，了解自己的知识、技能与该行业的要求之间的差距。

3. 践行实践出真知，领悟理论联系实际的重要性，提高实践能力，思考未来的发展规划。

活动任务

1. 通过调研和采访，填写以下表格，按提示撰写调研报告。

调研的行业＿＿＿＿＿＿＿＿＿＿＿＿＿＿＿＿＿＿＿＿＿＿＿＿＿＿＿＿＿＿＿＿＿＿＿＿

可以从事的职业＿＿＿＿＿＿＿＿＿＿＿＿＿＿＿＿＿＿＿＿＿＿＿＿＿＿＿＿＿＿＿＿＿

我比较感兴趣的职业及其发展现状、未来趋势：
从事该职业需要掌握的理论知识和实操技能：
我目前的职业技能与该行业的要求之间存在的差距：
从事该行业可以在哪些方面立足岗位，服务人民，报效国家：
未来的学习、生活中我应该以怎样的实际行动对标该行业优秀的从业人员：

2. 各小组推荐两份优秀报告参与班级评选，班级同学点评、投票。

活动反思

在这次活动中，我感受到自己在知识学习和实践能力方面还有许多需要提高的方面：

沉浸体验

　　《中国青年：我和我的青春》是由国家广播电视总局网络视听节目管理司、山东省广播电视局共同指导，共青团中央网络影视中心和中国青年报社领衔出品的网络电影。该片分为"旗帜""看见""寻找"三个单元，讲述北大荒开发时期、西部大开发时期、社会主义新时代时期三个不同时段的热血青春故事。三个主人公投身于志愿垦荒、西部支教、公益助学的实践中，在克服困难的过程中不断进步、收获成长。他们将自己的个人理想融入时代发展洪流，通过积极承担社会责任的实践提升了自己的人生价值。

　　观看《中国青年：我和我的青春》，感受三代热血青年有理想、敢担当的青春故事，学习他们将个人、社会和国家有机统一的实践历程，汲取知行合一的青春正能量。

第8课 在实践中提高认识能力 ••••

智慧导航

目标引领	把握现象与本质的辩证关系，领悟透过现象认识本质的重要性；学会积极发挥主观能动性，能够透过现象认识本质，提高认识能力，理性看待各种现象，适应社会变化
	了解现象表现本质具有复杂性和多样性，学会识别真象与假象，明辨是非，自觉抵制不良诱惑，遵纪守法，扬善抑恶
	理解真理对国家、社会和个人发展的指导作用，坚定追求和发展真理的信念，坚定对马克思主义的信仰、对中国特色社会主义的认同，在实践中认识和发展真理，提升人生境界
学习要点	现象与本质的辩证关系
	透过现象认识本质，提高认识能力
	学会识别真象与假象
	在追求真理中提升人生境界

探索任务

探索主题	现象与本质的辩证关系	
探索任务	任务 1	走出教室，在校园里、大街上、社区中寻找与季节更迭有关的各种现象，思考它们是如何表现本质的，表现方式有何不同，从中感悟现象和本质的相互依存
	任务 2	观看纪录片《门捷列夫很忙》，找一找生活中常见的现象背后有什么科学原理
	任务 3	阅读报纸、杂志，记录你看到的有趣现象，与同学分享，一起思考其反映的本质
探索途径	实地、书籍、网络资源等	
任务清单	步骤 1：以小组为单位，合作探索	
	步骤 2：每组制作调研 PPT，选派代表向师生汇报调研成果	
探索记录		

第一框 透过现象认识本质

一 知识盘点

事物是现象和本质的统一体

现象和本质的辩证关系 ——
- 相互区别 ——
  - 现象：事物的外部联系和表面特征，是个别的、易变的东西，是事物本质的外在表现
  - 本质：事物的根本性质，同类现象中一般的、相对稳定的东西，是事物各要素之间的内在联系
- 相互依存 ——
  - 本质决定现象
  - 现象表现本质

只有把握事物本质才能真正认识事物

透过现象认识本质 ——
- 掌握大量现象并综合考察
- 充分发挥主观能动性，运用科学的思维方法
- 做到"去粗取精、去伪存真、由此及彼、由表及里"

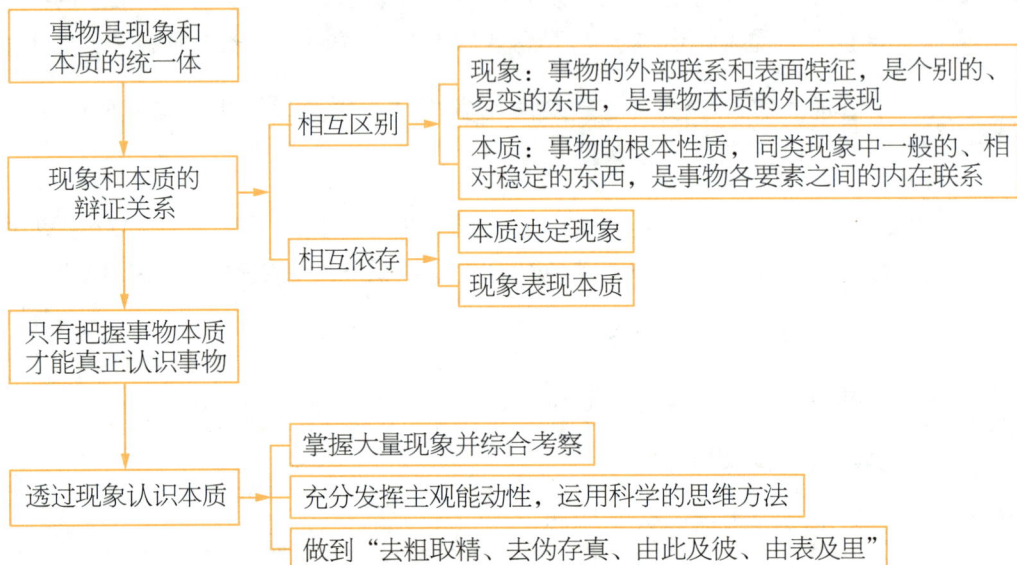

学点 1 现象是什么？本质是什么？

现象是事物的外部联系和表面特征，是个别的、易变的东西，是事物本质的_____。

本质是事物的根本性质，是同类现象中一般的、相对稳定的东西，是事物各要素之间的_____。

学点 2 现象和本质之间有怎样的辩证关系？

事物都有自己的现象和本质，是现象和本质的_____。现象和本质是_____又_____的。

本质_____现象，现象的存在与变化，归根到底依赖于本质；现象_____本质，本质总是通过一定的现象表现出来。

学点 3 为什么必须透过现象认识本质？怎样才能透过现象认识本质？

认识事物不能只看表面现象，只有把握了_____，才能真正认识事物。而本质深藏于事物的内部，必须透过现象认识本质。

透过现象认识本质，需要掌握大量的现象。_____是入门的_____，认识事物只能从认识它的现象开始。由于现象是复杂多变的，要透过现象认识本质，需要综合考察事物的各种现象。

透过现象认识本质，需要充分发挥＿＿＿＿＿＿，运用科学的思维方法，对大量现象以及现象之间的关联进行科学的分析和研究，做到"去粗取精、去伪存真、由此及彼、由表及里"。

二 基础训练

(一)判断题

1. 人们常说"万变不离其宗"，意思是现象的存在与变化，归根到底依赖于本质。　　　　　　　　　　　　　　　　　　　　　　（　　）

2. 有些现象与其本质相差甚远，不表现本质。　　　　　　（　　）

3. 大数据分析的哲学依据就是掌握大量现象，并进行科学的分析研究，以实现透过现象认识本质。　　　　　　　　　　　　　　（　　）

(二)单项选择题

1. 俗语有云："行家一出手，便知有没有。"从哲学角度看，"行家"之所以能够快速认清事物的实际情况，主要是因为"行家"能够做到（　　）。

A. 一切从实际出发　　　　　　B. 充分运用主观能动性

C. 理论联系实际　　　　　　　D. 透过现象认识本质

2. 地球公转、潮起潮落、月圆月缺……这些各不相同的现象背后都有着一个共同的原因——万有引力，这说明（　　）。

①现象是个别的、易变的东西，是本质的外在表现

②本质是事物的根本属性，是根本的、不会变化的东西

③现象、本质都是隐藏的，需要去发现

④现象与本质相互依存，本质决定现象，现象表现本质

A.①③　　　　　B.①④　　　　　C.②③　　　　　D.②④

3. 在观察这张视觉错误图时，小敏发现，只要纸盖住黑白色块，避免它们对视觉的干扰，就能发现所有直线都是平行的。这说明透过现象认识本质（　　）。

A. 需要掌握大量的现象

B. 只对局部进行观察

C. 需要充分发挥主观能动性

D. 要避免观察不表现本质的现象

视觉错误图

启迪：
　　进化论是探究生物起源和发展本质的学说。达尔文在对大量生物现象进行研究的基础上才发现了这一本质性规律。进化论的创立，是一个透过现象看本质的经典案例。

哲理名言
　　见一叶落，而知岁之将暮；睹瓶中之冰，而知天下之寒。
　　——《淮南子》

(三)分析运用题

毛泽东说："用直觉一看就看出本质来，还要科学干什么？还要研究干什么？"

结合你的实际经历谈一谈，应该如何做到"透过现象认识本质"。

三　学思践行

我们未来的职业生活场景中非常需要"透过现象认识本质"。比如，市场上的价格波动蕴含着供需的变化，职业形象蕴含着一定的心理学原理……

请找 1～2 种职业情境中的现象，并通过查找资料、请教老师等方法探究其本质，记录探究的过程。

现　象	分析现象	现象的本质

给我的启发：

第二框　明辨是非，追求真理

一　知识盘点

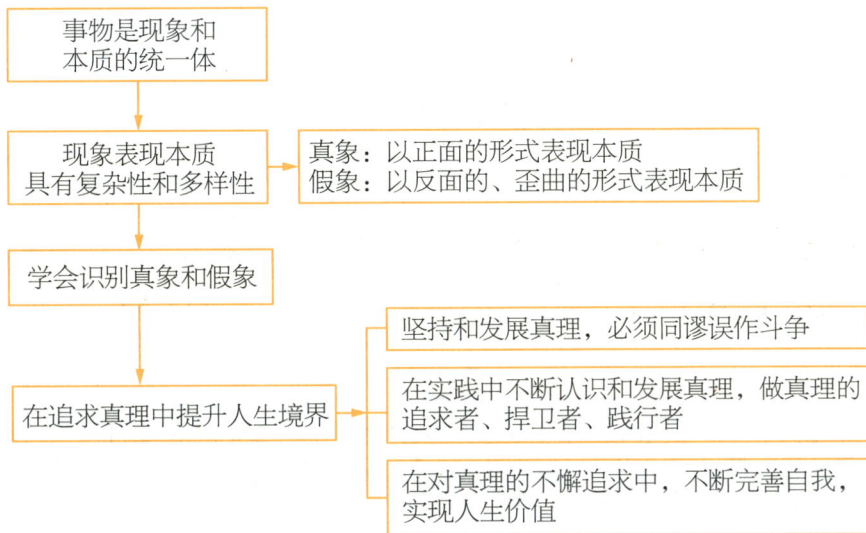

事物是现象和本质的统一体

现象表现本质具有复杂性和多样性 ── 真象：以正面的形式表现本质
假象：以反面的、歪曲的形式表现本质

学会识别真象和假象

在追求真理中提升人生境界 ── 坚持和发展真理，必须同谬误作斗争
在实践中不断认识和发展真理，做真理的追求者、捍卫者、践行者
在对真理的不懈追求中，不断完善自我，实现人生价值

学点 1　现象是如何表现本质的？

现象表现本质具有_____和_____。事物的现象是复杂多样并且不断变化的，经常存在着真假混淆的情况，容易给人造成错觉。

现象表现本质的形式是多种多样的，既有直接表现本质的，也有间接表现本质的；既有从正面表现本质的，也有从反面表现本质的。真象是以_____的形式表现本质，假象是以_____的、_____的形式表现本质。

学点 2　在社会生活中如何做到明辨是非？

在社会生活中，是非善恶并没有黑白分明的标签。我们需要学会理性分析、判断，识别_____，把握本质，明辨是非，区分善恶；懂得自己应该做什么，不应该做什么，自觉抵制不良诱惑，遵纪守法，扬善抑恶。

学点 3　什么是真理？什么是谬误？

真理是_____客观事物的认识，是对客观事物及其发展规律的正确反映。谬误是_____客观事物的认识，是对客观事物及其发展规律的歪曲反映。

学点 4　真理有何价值？我们如何在追求真理中提升人生境界？

真理指引人类社会前行，照亮人生发展道路。人类在探索真理的过程中，不断深化着对自然界、人类社会、人自身的认识，引领和推动着社会实践的发展和进步。在人生的道路上，_____指引着我们朝着正确方向不断前行，追求真理的过程也是人生境界不断提升的过程。

坚持和发展真理，必须同_____作斗争。我们要不畏艰险，勇往直前，在实践中不断认识和发展真理，做真理的_____、_____、_____。

二 基础训练

(一)判断题

1. 现象表现本质具有复杂性和多样性，所以无论透过真象还是假象都一定能看到事物的本质，不需要加以辨别。 （ ）

2. 真理是符合客观事物的认识，所以谣言在真理面前往往会不攻自破。 （ ）

3. 有时候追求真理会付出很大的代价，所以不一定非要和谬误作斗争。 （ ）

(二)单项选择题

1. 在野外我们会遇见一些看似很浅的溪流，似乎伸手就能触碰到底。下水之后才发现水往往深达数米，非常危险。古人把这个现象描述为"潭清疑水浅"，这种现象是由光的折射形成的。这给我们的启示是（ ）。

A. 假象不表现事物的本质，只有真象表现事物的本质

B. 真象隐藏于事物的内部，假象外露于事物的外部

C. 真象是以正面的形式表现本质，假象以反面的、歪曲的形式表现本质

D. 事物的现象具有复杂性和多样性，不都能表现本质

2.《自然》杂志发表过天问一号对火星浅表精细结构和物性特征的研究成果，这对深入认识火星地质演化和环境、气候变迁具有非常重要的意义。从探究真理的角度看，这说明（ ）。

①发展真理就是用新知识替代旧知识

②人类在实践中不断认识和发展真理

③人类在探索真理的过程中，不断深化着对自然界的认识

④只有科学研究才能使我们离真理越来越近

A.①② B.①④ C.②③ D.③④

3. 在中国共产党百年奋斗历程中，无论是泥泞曲折，还是高歌猛进，追求真理、发展真理、捍卫真理始终是其一以贯之的原则，彰显着马克思主义政党的鲜明本色。以下关于真理的说法，正确的是（　　　）。

A. 马克思主义是放之四海而皆准的真理，只要充分运用，就能推动中国革命、建设和改革的发展

B. 真理指引人类社会前行，照亮人生发展道路

C. 人坚持实践就能认识和发展真理

D. 真理和谬误往往相伴而行，所以真理和谬误没有界限

（三）分析运用题

随着创业热潮的兴起，有许多职业院校的学生加入了"创客"的队伍中。但我们也必须看到，学生的社会经验与市场经验不足，市场观念淡薄，学校内的理论技术学习与商业应用之间差距较大。所以，各地政府在提供各种激励措施的同时，也出台了各种保障措施，营造了宽松的创业环境，主张"鼓励创业的同时也要宽容失败"。

运用"追求真理"的相关知识，阐述"鼓励创业的同时也要宽容失败"这一观点的合理性。

三 学思践行

隔行如隔山。随着社会分工的精细化，行业之间的差异越来越大。由于缺乏互相深入了解的机会，网络上有时会流传对一些行业的错误印象或是误解。

了解社会上、网络上对自己所学专业可从事的相关行业的误解，阐明真象并谈谈你的感悟。

行　业	误　解	真实情况	感　悟

综合实践

"养老金"守护行动

活动背景

随着网络的飞速发展与智能手机的普及，大量新兴事物使老年人的退休生活日益丰富，但也给了不法分子可乘之机。各种针对老年人的诈骗行为逐渐增多。由于存在信息差和认知能力不足，老年人面对诈骗的警惕心、判断力往往不足，让诈骗分子屡屡得手。让我们行动起来，开展一次专门面向老年人的反诈宣传活动。

活动目标

领悟透过现象认识本质的重要性，运用分析事物本质的方法，在明辨是非的过程中提高认识能力。

活动内容

1. 每位同学针对某一种诈骗形式，综合运用透过现象认识本质的原理和方法，把握本质，明辨是非。分析诈骗行为的实质和危害，以及老人容易被骗的原因、实质。

诈骗类型	
该类型诈骗普遍存在的现象	
该类型诈骗的本质	
该类型诈骗中，老年人容易被哪些手段蒙蔽	
老年人容易被骗的原因、实质	
如何帮助老人避免被骗	

2. 针对老年人实际，就你所知道的诈骗类型，设计出能使老年人快速理解、方便老年人记忆的反诈宣传内容，形式不限。

3. 组织反诈宣传志愿活动，评选出优秀宣传内容。

活动反思

沉浸体验

《国际歌》创作于 19 世纪末期，由欧仁·鲍狄埃作词，皮埃尔·狄盖特作曲。歌曲节奏激昂，富有力量，表达了无产阶级对自由和平等的追求，展现了团结一致、奋起抗争的精神，传达了为真理而斗争的信念。请你用心感悟并学唱《国际歌》。

国际歌

起来，饥寒交迫的奴隶！起来，全世界受苦的人！

满腔的热血已经沸腾，要为真理而斗争！

旧世界打个落花流水，奴隶们起来，起来！

不要说我们一无所有，我们要做天下的主人！

这是最后的斗争，团结起来到明天，英特纳雄耐尔就一定要实现！

这是最后的斗争，团结起来到明天，英特纳雄耐尔就一定要实现！

从来就没有什么救世主，也不靠神仙皇帝！

要创造人类的幸福，全靠我们自己！

我们要夺回劳动果实，让思想冲破牢笼！

快把那炉火烧得通红，趁热打铁才能成功！

这是最后的斗争，团结起来到明天，英特纳雄耐尔就一定要实现！

这是最后的斗争，团结起来到明天，英特纳雄耐尔就一定要实现！

是谁创造了人类世界？是我们劳动群众。

一切归劳动者所有，哪能容得寄生虫！

最可恨那些毒蛇猛兽，吃尽了我们的血肉！

一旦把他们消灭干净，鲜红的太阳照遍全球！

这是最后的斗争，团结起来到明天，英特纳雄耐尔就一定要实现！

这是最后的斗争，团结起来到明天，英特纳雄耐尔就一定要实现！

第 9 课　创新增才干 ● ● ●

智慧导航

目标引领	了解创新的基本内涵及其对社会发展和个人生活的重要性，领会创新精神是中华民族最鲜明的禀赋，为中华民族的创新精神而感到自豪
	理解创新是引领发展的第一动力，领悟我国在新时代高度重视自主创新的原因，理解我国实施创新驱动发展战略、建设创新型国家举措
	重视自主创新，在专业学习和技能训练中自觉树立创新意识，增强创新本领，提高创新思维能力，在创新实践中增长才干，立志成为创新型劳动者
学习要点	创新精神是中华民族最鲜明的禀赋
	创新是新时代的迫切要求
	树立创新意识
	增强创新本领

探索任务

探索主题		创新在民族进步和国家发展中发挥的重要作用
探索任务	任务 1	央视纪录片《创新的力量》从历史发展的角度梳理了科技创新对人类历史、大国崛起的作用。观看该纪录片，感悟创新对民族进步和国家发展的作用
	任务 2	网络云参观中国国家博物馆"协同创新·自立自强——'两弹一星'精神展"，记录下印象最深的文物及其背后的故事，感受先辈艰苦创新的伟大意义
	任务 3	通过网络查找《科技日报》总结的 35 项"卡脖子"技术，思考这些关键核心技术对我国经济发展的限制
探索途径		观看纪录片、网络云参观、网络数据信息收集
任务清单		步骤 1：自主探究，并做好学习笔记
		步骤 2：以小组为单位进行集体讨论，形成集体讨论结论，并与班级同学分享
探索记录		

· · · ·

第一框　创新是引领发展的第一动力

一　知识盘点

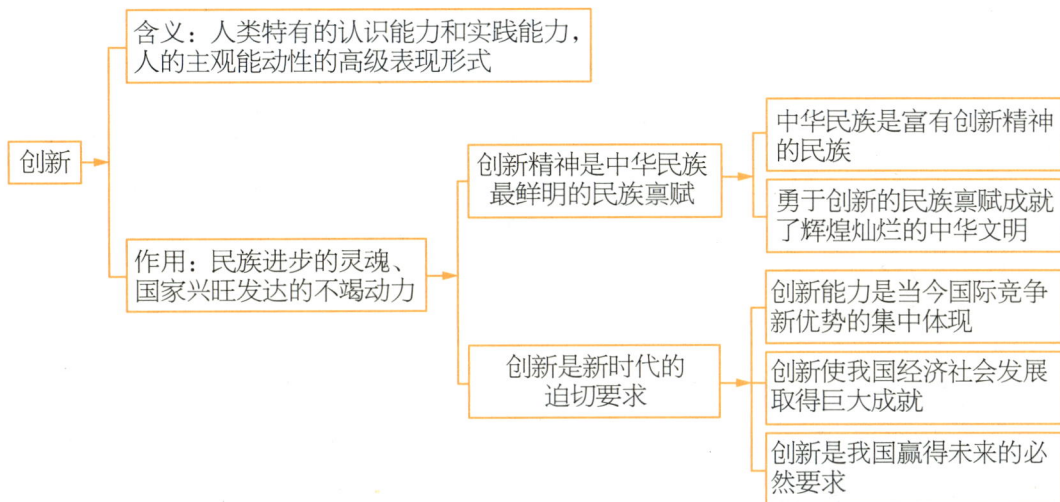

学习点拨

创新是人为了一定的目的，遵循事物发展规律，变革事物的整体或局部，或者创造出新的事物。这既是人类特有的能力，也是人的主观能动性的高级表现形式。

学点 1　创新是什么？它有何重要作用？

创新是人类特有的＿＿＿＿＿和＿＿＿＿＿，是人的＿＿＿＿＿的高级表现形式。

创新是一个民族进步的灵魂，是一个国家兴旺发达的＿＿＿＿＿。纵观历史发展，人类的一切文明成果，都是＿＿＿＿＿的果实，都是＿＿＿＿＿的结晶。

学点 2　为什么说创新精神是中华民族最鲜明的禀赋？

中华民族是富有＿＿＿＿＿的民族。在历史的漫漫长河中，变通求新、革故鼎新、与时俱进、与日偕新等思想观念逐渐积淀为中华民族最鲜明的＿＿＿＿＿。

勇于创新的民族禀赋成就了辉煌灿烂的＿＿＿＿＿。中华民族凭着伟大的＿＿＿＿＿，使中华文明成为人类历史上唯一一个绵延 5000 多年至今未曾中断的灿烂文明。

凭借这种伟大的＿＿＿＿＿，中华文明一度走在人类文明发展的前列，对世界文明进步作出了巨大贡献，产生了深远影响。

学点 3　如何理解"创新是新时代的迫切要求"？

创新能力是当今国际竞争＿＿＿＿＿的集中体现。

创新使我国＿＿＿＿＿取得巨大成就。

案例启迪

案例：

1905 年，内忧外患中的中国开始第一次独立修建铁路——京张铁路，其成败关系中国整个铁路事业的命运和国家的荣辱。负责这项工程的詹天佑面对施工难度大、资金严重短缺、时间紧张等困难，创造性地运用"折返线"原理，设计"人"字形线路，以减少隧道开挖、节约成本；又使用"直井法"施工，加快工程进度。全线提前两年通车，工程费仅是外国估价的五分之一，证明了中国人完全有能力自建铁路，为危机中的中华民族提振了信心。

创新是我国赢得未来的_____。

我们必须把创新作为引领发展的_____，坚持创新在我国现代化建设全局中的核心地位。

二　基础训练

(一)判断题

1. 人类的一切文明成果，都是创新精神的果实，都是创新智慧的结晶。
（　　）

2. 中华文明一度走在人类文明发展的前列，正是凭借着伟大的创新精神。
（　　）

3. 使我国经济社会发展取得巨大成就的主要原因在于科技创新，其他领域的创新并不重要。
（　　）

(二)单项选择题

1. 在历史的漫漫长河中，没有任何一个物种像人类一样创造了灿烂的文明，这是因为（　　）。

A. 人类拥有最强健的体魄

B. 人类拥有征服自然的能力

C. 人类拥有创新这一特有的认识能力和实践能力

D. 人类拥有适应自然这一特有的能力

2. 想象力是创新的源泉。我们以科技创新将神话变成了现实——月球探测"嫦娥工程"、载人潜水器"蛟龙"号、中国空间站"天宫"……这些成果说明了（　　）。

①创新是一个民族进步的灵魂，是一个国家兴旺发达的不竭动力

②创新精神是中华民族最鲜明的民族禀赋

③有想象力的民族就能进行科技创新

④民族神话能启发科技创新

A.①②　　　　　B.①④　　　　　C.②③　　　　　D.③④

3. 习近平总书记考察沈阳某高科技企业时，鼓励工程师们只争朝夕突破"卡脖子"问题，"努力把关键核心技术和装备制造业掌握在我们自己手里"。以"只争朝夕"的紧迫感加强科技创新的原因在于（　　）。

①创新能解决我们社会发展的所有问题

②我国已经取得了世所罕见的科技快速发展奇迹

③我国经济总量大而不强，主要体现在自主创新能力不强

④创新能力是当今国际竞争新优势的集中体现

A.①②　　　　B.①③　　　　C.②④　　　　D.③④

(三)分析运用题

在《创新中国说》节目中，我们可以了解中国各领域的创新突破、前沿发展和重大意义；可以跟随"小麦院士"走到田间，听他讲述用科技创新端牢中国饭碗的故事；可以一起来到中国南海的"深海一号"能源站，感受"海上巨无霸"的壮观，感受深海油气开采的惊心动魄。

运用所学哲学原理，说明新时代我国为什么更加高度重视自主创新。

三 学思践行

请以小组为单位，开展研学活动。通过走访企业、采访专业人士等方式，发现所学专业相关行业的革新案例，如加工工艺创新、实用技术创新、工艺流程改进、产品(技术)改良、应用性优化等，用视频、照片、文字等形式进行记录。

所学专业	
调查对象	
革新案例情况介绍	
研学感想	

笔记

第二框 积极投身创新实践

一 知识盘点

```
树立创新意识 → 坚定创新自信
              增强问题意识 ┐
              敢于突破常规 ┘
                            → 把个人的创新实践与国家
                              战略需求导向结合起来
增强创新本领 → 夯实创新的知识基础
              提高创新思维能力 ┐
              投身创新实践     ┘
```

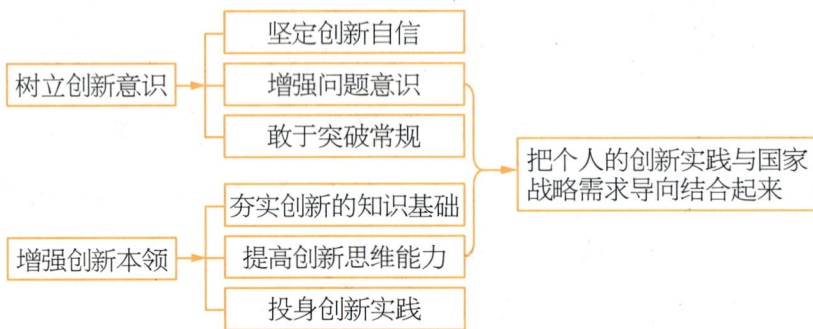

学点 1 什么是创新意识?具有创新意识的人有何特点?

_____是创新主体创造新事物或提出新观念的动机或意愿，是人的_____的表现，是人们进行创造活动的内在动力。

具有_____的人会推崇创新、追求创新、以创新为荣。

学点 2 怎样树立创新意识?

坚定_____。创新有大有小，内容和形式各不相同，人人皆创客，事事可创新。我们每个人都可以立足专业和岗位实际，做勇于创新的实践者。

增强_____。问题是创新的起点，也是创新的动力源。我们要不断增强问题意识，对事物抱有强烈的好奇心，善于观察、深入思考、勇于探索。

敢于_____。打破思想禁锢，突破传统观念。要敢为人先，敢闯敢干，做别人没有做过的事，走前人没有走过的路；要敢于跳出思维定式，尊重但不盲从权威，锐意进取，勇立潮头，做时代的弄潮儿。

学点 3 如何增强创新本领?

夯实创新的_____。作为未来的创新主力军，我们要认真学习基础理论知识和各项专业知识，为创新打好坚实基础。

提高_____。创新能力是可以通过学习和训练得以提高的。要创新就必须学习和掌握科学思维方法。科学思维是能够创造性地解决问题的思维，创新思维是综合运用多种思维方法的结果。要在学习和生活实践中不断提高自己的创新思维能力。

投身＿＿＿＿＿＿＿。青年学生要充分挖掘自身蕴藏的巨大创造能量和活力，把个人的创新实践与国家的战略需求导向结合起来，不断增强自主创新能力，以时不我待、只争朝夕的紧迫感，投身改革创新的伟大实践中。

二 基础训练

(一)判断题

1. 创新意识是人们进行创造活动的内在动力。　　　　　　　　　( )

2. 随着科技的发展，创新与科技结合越来越紧密，只有科学家才有能力创新。　　　　　　　　　　　　　　　　　　　　　　　　　　( )

3. 创新思维能力是一种天赋，而科学思维能力是通过学习掌握的。( )

(二)单项选择题

1. 创新意识是创新主体创造新事物或提出新观念的动机或意愿。以下具有较强创新意识的同学有( )。

①每天早睡早起，坚持锻炼身体

②特别喜欢关注最新科技创新成果

③认真参加专业课实训，苦练技术

④在实训时总有一些与众不同的创意

A.①③　　　　B.①④　　　　C.②③　　　　D.②④

2. 职校学生黄天是各类创新比赛的"常胜将军"，在校期间他已是一家创业公司的核心成员。关于他无尽创意的来源，他是这么解释的："我经常会想，现代人的生活可能会遇到哪些不便，然后这些不便就会促生相应的需求，我们就围绕这些需求进行产品研发。"这启发我们，创新的起点和动力源是( )。

A. 经验　　　　B. 商机　　　　C. 问题　　　　D. 生活

3. 我们从小就听过司马光砸缸的故事。从创新的角度看，砸缸救人( )。

A. 是一种敢于突破常规、打破思想禁锢的创新救人方式

B. 是一种勇于承担责任的救人方式

C. 是问题意识的集中表现

D. 体现了尊重但不盲从权威的精神

（三）分析运用题

近年来，人工智能打开了人们创新的新蓝海——AI 写作、AI 绘图、AI 编程、AI 视频动画制作……这些大大降低了人们创新的门槛。但 AI 只是一种工具，它能够辅助人类创作，却无法完全替代人类的创造力。

智能设备运行与维护专业的中职学生小吴有志于成为一个人工智能创新者。结合创新相关知识，给她提一些有效的建议。

三 学思践行

近年来，洛阳瞄准文旅消费新特点，准确把握"颠覆性创意、沉浸式体验、年轻化消费、移动端传播"的新文旅产业鲜明特征，坚持以创新促转型。牡丹文化节期间的"神都奇幻志"全城实境角色扮演，串联了 40 个沉浸式剧本项目，把一座城市作为剧本载体，《神都舆图》在线点亮、通关证书一键领取、话题互动实时参与……丰富的历史遗产加上表达创新，让古都"自带流量"，带动了各个行业的发展。

你家乡的文旅资源可以怎样创新呢？发挥创新意识为家乡代言，用创新的方式或者内容为家乡旅游业的发展注入新鲜活力，写下你的"金点子"。

综合实践

"智"汇青春，"创"享未来，中等职业学校职业能力大赛"创新创业"项目是面向中职学生的一项创新创业实践活动。每年都有上百个项目团队进行切磋角逐，每个项目都体现了奇思妙想。这种奇思妙想并非天马行空，而是与实际结合，如"元宇宙梦幻气味装置""生命手环""大地守护者——智能化全能型土壤修复机器"等。

如果你将参加今年的创新创业职业能力比赛，结合自己所学专业或者生活实际，确定一个项目名称，并描述创意来源。发挥你的创造力，展示你的创新成果。

项目名称	
项目参与者	
创意来源	
项目方案	
成果形式	

沉浸体验

《科学之光》是 2023 年世界青年科学家峰会的主题曲，这首歌的歌词以第二人称"你"的口吻，以悠远、深情的旋律，致敬科技、致敬拼搏、致敬创新。歌曲把人类在不同领域的创新成果作为意象，展现了科技创新对文明发展的重要意义，回溯了人类的一切文明成果都是创新精神的果实，展望了创新将引领人类走向未来，指出了创新是推动人类社会发展的重要力量。让我们听着这首歌，以时不我待、只争朝夕的紧迫感，投身改革创新的伟大实践中。

科学之光

作曲：捞仔　作词：何继青

你从亘古走来，点燃小小石块，刺破原始混沌，举起人类最初的崇拜

你向宇宙走去，星际浩若尘埃，光阴化作光年，在你手中无边界展开

描绘春秋，裁剪山川，是你神奇的存在

飞船驰骋在云端，罗盘曾指点大海，探索是你不变的情怀

你是不灭的火焰，照亮生命充满期待

你是不朽的追寻，引领人类更加精彩

旋转日月，尽显风采，望银河智慧澎湃

原子量子微观里，木星火星太空外，未来是你永远的情怀

你是不灭的火焰，照亮生命充满期待

你是不朽的追寻，引领人类更加精彩

评价反思

评价项目		评价内容	自评	他评	师评
学习态度与习惯（20分）	学习态度	积极主动参与学习，有进取心，学习兴趣浓厚，求知欲强			
	学习习惯	课前做好学习准备，上课认真听讲，按时完成作业			
学习行为与表现（80分）	课堂（60分）	自主学习：遇到疑惑能在学习过程中及时解决			
		知识掌握："智慧导航"中每一个知识要点的理解基本到位，并能构建知识之间的内在逻辑联系			
		表达展示：回答问题时表达准确、流利、有条理；展示成果与"探索任务"具有一致性			
		交流合作：积极主动地与小组同学配合，能耐心地倾听、吸纳他人的观点			
		搜集整理：能够搜集相关的资料，整理资料能力强，搜集到的信息全面且有条理			
		作业情况：在规定的时间内自觉完成作业，存在疑惑时能及时向老师、同学请教			
	课外（20分）	实践活动：能够认真完成课后"学思践行"与"综合实践"，并且主动和同学分享			

自评总分		建议：
他评总分		
师评总分		

我的学习反思	

第四单元
坚持唯物史观　在奉献中实现人生价值

第10课　人类社会及其发展规律

智慧导航

目标引领	理解物质生产活动是人类社会存在和发展的基础，正确认识生产劳动在人类社会发展中的作用，树立正确的劳动观和职业观
	掌握社会存在与社会意识的辩证关系、社会基本矛盾及其运动规律，正确认识我国发展新的历史方位，认同改革是解决社会主义社会基本矛盾的重要形式，是社会主义社会发展的强大动力
	运用历史唯物主义世界观和方法论，坚定中国特色社会主义的道路自信、制度自信。顺应时代潮流，将人生发展与社会进步、与实现中国梦的伟大实践紧密结合起来
学习要点	物质生产活动是人类社会存在和发展的基础
	社会存在与社会意识的辩证关系
	生产力与生产关系矛盾运动的规律
	经济基础与上层建筑矛盾运动的规律

探索任务

探索主题	改革是必由之路（社会基本矛盾及其运动规律）	
探索任务	任务1	观看2018年中央电视台播出的纪录片《必由之路》，该片全景式回顾改革开放40年历程，以风云激荡的感人故事，铺陈出一部国家民族砥砺奋进的壮丽史诗，揭示了改革开放是坚持和发展中国特色社会主义的必由之路，是民族复兴的必由之路。通过观看这部纪录片，了解改革开放的背景、原因、探索实践过程，体会我们国家是如何多方面地改变、调整、建立、完善生产关系和上层建筑，以适应生产力发展的需求，逐步走向繁荣富强
	任务2	采访父母、爷爷奶奶或亲戚朋友等，了解改革开放以来家庭的发展，如经济条件、生活水平、职业选择、文化教育等，感受改革开放给人民群众生活带来的深刻变化和影响
	任务3	查阅资料，了解在社会主义建设的新时代和新征程中，党和国家全面深化改革的各类举措，体会我们国家如何进一步改革生产关系和上层建筑，向实现共同富裕的目标奋进
探索途径	书籍、网络资源、采访调研等	
任务清单	步骤1：以小组为单位，合作探索	
	步骤2：每组制作调研PPT，选派代表向师生汇报调研成果	
探索记录		

学习点拨

社会存在与社会意识的关系问题是物质与意识的关系问题在社会历史领域的体现。对物质与意识两者关系第一个方面的不同回答是划分唯物主义和唯心主义的依据，对社会存在与社会意识两者关系第一个方面的不同回答是划分历史唯物主义和历史唯心主义的依据。

第一框　人类社会的存在与发展

一　知识盘点

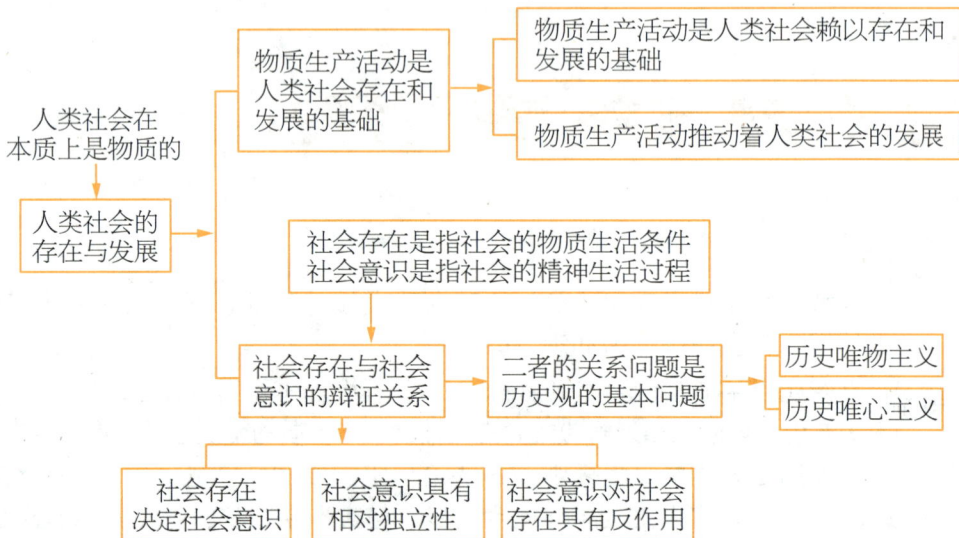

人类社会在本质上是物质的 →

人类社会的存在与发展

- 物质生产活动是人类社会存在和发展的基础
  - 物质生产活动是人类社会赖以存在和发展的基础
  - 物质生产活动推动着人类社会的发展
- 社会存在是指社会的物质生活条件　社会意识是指社会的精神生活过程
- 社会存在与社会意识的辩证关系 → 二者的关系问题是历史观的基本问题 → 历史唯物主义／历史唯心主义
  - 社会存在决定社会意识
  - 社会意识具有相对独立性
  - 社会意识对社会存在具有反作用

案例启迪

案例：

《现代汉语规范词典》的修订始终坚持以体现人民日常生活的新气象、新创造、新进展为原则。在第4版中，增加了"网红""群聊""初心""移动支付""互联网＋""顶层设计""新常态""粤港澳大湾区""生态文明""凝心聚力""底线思维""最后一公里"等反映新时代气息的新词汇。

启迪：

社会存在决定社会意识。社会存在的变化发展决定着社会意识的变化发展。

学点1 为什么说物质生产活动是人类社会存在和发展的基础？

物质生产活动是人类社会赖以存在和发展的基础。人们为了生存，首先要获取生活资料。因此，第一个历史活动就是_____的生产。

物质生产活动推动着人类社会的发展。物质生产的发展，提供生产生活所需要的物质资料，促进新的生活方式和社会交往方式的产生，生产出新的_____，从根本上推动着社会的进步。

学点2 社会生活由哪两大部分构成？历史观的基本问题是什么？

社会生活由_____和_____两大部分构成。

社会存在与社会意识的关系问题，是历史观的基本问题。对二者关系的不同回答，是区分_____与_____的根本依据。

学点3 什么是社会存在和社会意识？

社会存在是指社会的_____，主要指_____，还包括自然地理环境和_____。社会意识是指社会的_____，包括政治、法律、道德、艺术、宗教、哲学，以及情感、风俗、习惯等。

学点4 社会存在与社会意识的辩证关系是怎样的？

社会存在_____社会意识。社会存在是社会意识内容的_____，社会意识是社会物质生活条件及其过程的_____。

有什么样的社会存在，就有什么样的社会意识。社会存在的变化和发展，决定着社会意识的变化和发展。

社会意识对社会存在具有_____。先进的社会意识对社会发展起_____作用，落后的社会意识对社会发展起_____作用。

学点 5 为什么说社会意识具有相对独立性？

社会意识与社会存在的发展具有不完全同步性与不平衡性。社会意识有时会_____社会存在，有时又会_____社会存在而变化发展。

> **哲理名言**
>
> 仓廪实而知礼节，衣食足而知荣辱。
>
> ——《管子》

二　基础训练

（一）判断题

1. 物质生产活动推动着人类社会的发展。　　　　　　　　（　　）

2. 社会意识对社会发展起推动作用。　　　　　　　　　　（　　）

3. 社会存在决定社会意识，因而社会意识与社会存在的变化是完全同步的。　　　　　　　　　　　　　　　　　　　　　　（　　）

（二）单项选择题

1. 人类社会存在和发展的基础是（　　　）。

A. 物质生产活动　　　　　　B. 物质消费活动

C. 社会形态的更替　　　　　D. 社会制度的变革

2. 社会存在是指社会的物质生活条件。以下属于社会存在范畴的是（　　　）。

A. 中国特色社会主义法律体系

B. 以爱国主义为核心的民族精神

C. 人类生活的地理环境

D. 古今中外的哲学思想

3. 随着我国经济发展和社会进步，民生福祉和发展质量被提到了前所未有的高度，"幸福""活力""生态"等成为宣传活动中的常见语。这说明（　　　）。

A. 社会存在决定于社会意识　B. 社会意识具有相对独立性

C. 语言的变化决定意识的变化　D. 社会意识反映社会存在

（三）分析运用题

马克思、恩格斯说："一当人开始生产自己的生活资料，即迈出由他们的肉体组织所决定的这一步的时候，人本身就开始把自己和动物区别开来。"

笔 记

物质生产活动是一种有意识、有目的的创造性实践活动，它在人类社会的存在与发展中起到了基础性作用。

说说物质生产活动对人类社会的存在和发展所起的作用。

三　学思践行

查阅资料，了解自己所学专业对应的行业发展史。它是传统行业的旧貌换新颜，还是应时而生的新行业？它有哪些技术革新或理论更新？它是如何推动社会发展进步或催生新的社会关系出现的？梳理和总结所搜集的资料，在班级内进行分享交流。

第二框　社会基本矛盾及其运动规律

一　知识盘点

物质是运动的 → 物质运动具有客观规律性 → 社会基本矛盾运动的规律

生产力与生产关系矛盾运动的规律
- 生产力和生产关系的含义
- 生产力决定生产关系
- 生产关系对生产力具有反作用

经济基础与上层建筑矛盾运动的规律
- 经济基础和上层建筑的含义
- 经济基础对上层建筑起决定作用
- 上层建筑对经济基础具有巨大的反作用

- 阶级社会中社会基本矛盾的解决主要通过阶级斗争实现
- 改革是解决社会主义社会基本矛盾的重要形式

→ 社会基本矛盾运动推动社会历史发展

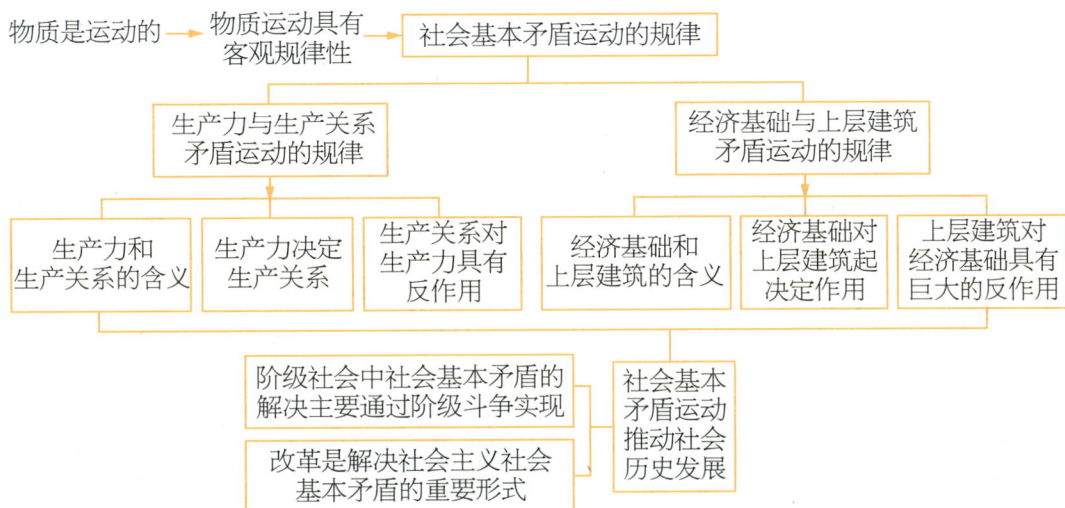

学点 1　生产方式包括哪两个方面?社会基本矛盾运动是什么?

生产方式包括_____和_____。_____是生产方式中最革命、最活跃的因素。生产方式决定着社会的性质和面貌。

社会发展是在生产力与生产关系、_____与_____的矛盾运动中,即社会基本矛盾的不断产生、发展和解决中实现的。

学点 2　什么是生产力和生产关系?

生产力是人们改造自然,使之满足人的需要、促进人的发展的物质力量,其基本要素包括_____、劳动资料、劳动对象,其中_____是最重要的劳动资料。

生产关系是人们在物质生产活动过程中形成的经济关系,它由_____关系、生产中人与人的关系和_____关系构成。

学点 3　生产力与生产关系的辩证关系是什么?

生产力决定生产关系。生产力的状况_____生产关系的性质和形式,生产力的变化、发展,迟早会引起生产关系的变革。

生产关系对生产力具有反作用。当生产关系_____生产力发展的客观要求时,就会_____生产力的发展;当生产关系_____生产力发展的客观要求时,就会_____甚至破坏生产力的发展。

学习点拨

社会发展的根本动力:社会基本矛盾是社会发展的根本动力。社会基本矛盾指的是贯穿社会发展过程始终,规定社会发展过程的基本性质和基本趋势,并对社会历史发展起根本推动作用的矛盾。社会基本矛盾包括生产力和生产关系的矛盾、经济基础和上层建筑的矛盾。

社会发展的直接动力:阶级斗争是推动阶级社会发展的直接动力,社会主义社会发展的直接动力是改革。

案例启迪

案例：

2023 年，浙江省组织开展了"百村争鸣"文化艺术村评选活动。经各地申报、市县推荐、省级评审，分书法村、体育村、农民画村、编织村、戏曲村、刺绣村、民俗村、雕塑村、摄影村、剪纸村十个系列，评出了首批 100 个"百村争鸣"文化艺术村。这些艺术村依托地域生态优势和历史文化资源，深挖传统文化潜力，激发村庄文化活力，展现了新时代的乡村魅力。

启迪：

上层建筑是指建立在一定经济基础上的制度、设施以及思想体系。文化艺术就是其中一种。

哲理名言

推进中国式现代化，必须进一步全面深化改革开放，不断解放和发展社会生产力、解放和增强社会活力。

——习近平

学点 4 经济基础和上层建筑是什么？

经济基础是指由社会一定发展阶段的生产力所决定的_____的总和。上层建筑是指建立在一定经济基础之上的制度、设施以及_____。

学点 5 经济基础与上层建筑的辩证关系是什么？

经济基础对上层建筑起决定作用。经济基础是上层建筑赖以产生、存在和发展的_____基础，有什么样的经济基础就有什么样的上层建筑。

上层建筑对经济基础具有巨大的反作用。当上层建筑_____经济基础发展时，就会促进经济基础的巩固和完善；当它_____经济基础状况时，就会阻碍经济基础的发展和变革。当上层建筑为_____生产力发展要求的经济基础服务时，就成为推动社会发展的_____；反之，就会成为阻碍社会发展的_____。

二　基础训练

(一)判断题

1. 生产力决定生产关系，生产关系推动生产力的发展。　　　　　(　　)

2. 上层建筑反作用于经济基础。当上层建筑适合经济基础发展时，就会促进经济基础的巩固和完善。　　　　　(　　)

3. 在阶级社会中，社会基本矛盾的解决主要是通过阶级斗争实现的。

(　　)

(二)单项选择题

1. 研究人类社会更替，就必须明确生产力和生产关系的内涵。以下选项中，属于生产力范畴的除了劳动者外，还有(　　)。

①劳动资料　　　　　　　　②劳动对象

③生产资料所有制　　　　　④产品分配方式

A.①②　　　　B.①③　　　　C.②④　　　　D.③④

2. 生产力与生产关系是社会生产的两个方面，二者的有机统一构成生产方式。以下关于生产力和生产关系的辩证关系的说法，错误的是(　　)。

A. 生产力的状况决定生产关系的性质和形式，生产力的变化、发展迟早会引起生产关系的变革

B. 如果生产关系"超越"生产力水平，这种"拔高"了的生产关系会阻碍生产力的发展

C. 生产关系对生产力具有反作用

D. 生产关系总是适合生产力发展的客观要求

3. 以下关于改革的说法，正确的有（　　　）。

①改革能使生产力适应生产关系的发展

②改革是发展中国特色社会主义的强大动力

③改革是社会主义制度的根本性变革

④改革是社会主义制度的自我完善和发展

A. ①②　　　　　　B. ①③　　　　　　C. ②④　　　　　　D. ③④

（三）分析运用题

小岗村是农村改革变迁的一个缩影。1978 年冬，小岗村的 18 户村民以"敢为天下先"的精神，在一纸"大包干"的"秘密契约"上按下鲜红的手印，拉开了中国农村改革的序幕。次年，小岗村迎来大丰收，粮食总产量达 13.3 万斤，结束了 20 余年吃国家救济粮的历史。进入新时代，小岗村大力推进土地"三权分置"改革，完成土地承包经营权确权登记颁证工作，成立集体资产股份合作社并发放股权证，实现了村民从"户户包田"到"人人持股"的转变。2024 年，小岗村实现村集体经济收入 1480 万元，村民人均可支配收入达到 3.65 万元。

小岗村的改革发展实践证明，改革才有出路。运用生产力和生产关系的辩证关系知识，分析小岗村是如何通过改革推动生产力发展的。

💡三　**学思践行**

查阅资料，了解近几年我国颁布的一些与我们生活密切相关的法律法规，感受并分析其对社会生活带来的影响。

综合实践

1. 汉语盘点活动

"汉语盘点"是国家语言资源监测与研究中心和商务印书馆共同发起的活动。该活动始于2006年，旨在让广大网民用一个字、一个词描述过去一年的中国和世界，借以彰显汉语的魅力、记录社会的变迁，让人们在关心中国和世界的同时，体会汉语丰富的文化内涵，描述中国视野下的社会变迁和世界万象。

请搜索自2006年以来的年度"十大新词语""十大流行语""十大网络用语"等，每个年度至少选择一个字或一个词语，描述每个字或词语背后所折射的社会变化（如物质生产活动的变化、社会存在与社会意识的变化、生产力与生产关系的变化、经济基础与上层建筑的变化等）。小组合作制作视频或PPT，在班级进行分享，感受社会的进步与时代的变迁。

2. 寻找"新质生产力"活动

"新质生产力"是当下的政经热词，并被列为2024年我国"十大工作任务"的首位。"新质生产力"是创新起主导作用，摆脱传统经济增长方式、生产力发展路径，具有高科技、高效能、高质量特征，符合新发展理念的先进生产力质态。

以学习小组为单位，开展"寻找'新质生产力'"的活动，调研以下内容：一是在我国当下社会生活、市场经济和行业领域中，"新质生产力"有哪些表现；二是为推动"新质生产力"的发展，我国从生产关系和上层建筑角度可以采取哪些措施；三是"新质生产力"的发展，将引起社会存在和社会意识产生哪些变化。

关于"新质生产力"的调研报告
我国当下社会生活、市场经济和行业领域中"新质生产力"的表现：
我国为推动"新质生产力"发展可以采取的措施：
"新质生产力"的发展将引起社会存在和社会意识的变化：

沉浸体验

　　在中国当代文学史上，有一部长篇小说以其恢宏的气势和史诗般的风格，全景式地表现了改革开放给中国城乡人民的社会生活带来的巨大变迁，这部小说就是路遥的《平凡的世界》。小说以朴实的语言和细腻的描绘，展现了中国农村改革开放初期的社会现实，展现了那个时期农村社会的矛盾冲突、人物的成长与蜕变。

　　通过阅读这部小说进行体验式学习，了解这段改革开放的历史，体会改革是推动我国社会发展的必由之路。

第 11 课　社会历史的主体　●●●

智慧导航

目标引领	理解人民群众与杰出人物的含义以及他们在历史发展中的地位与作用
	领会坚持人民至上的思想内涵，自觉把人民放在心中最高的位置，认同密切联系群众是党的优良传统
	坚持中国共产党的领导，牢固树立为人民服务的崇高理想，自觉投身服务人民的伟大实践
学习要点	人民群众是历史的创造者
	杰出人物在社会历史发展中的作用
	坚持人民至上
	服务人民，奉献祖国

探索任务

探索主题	人民创造历史（人民群众是历史的创造者）	
探索任务	任务 1	观看 2022 年中央电视台播出的纪录片《征程》，该片以 40 多个典型、真实、动人的故事，全景式地表现了广大人民群众"山河落笔续华章"的昂扬精神风貌，是一部具有强烈感染力和吸引力的新时代人民史诗。通过观看这部纪录片，了解新时代十年以来中国人民的奋斗历程和巨大成就，体会普通老百姓、党员、基层干部心中有信仰、脚下有力量的新时代风貌，感受人民群众是历史的创造者，是社会主义建设新时代、新征程的主力军
	任务 2	收集自古以来体现和重视"人民群众地位和作用"的古语、诗句、名言等，体会社会历史变革和发展中的人民力量
	任务 3	走访你身边的普通劳动者，了解他们的工作内容和工作成果。结合所学专业，谈谈自己将如何当好新时代的劳动者
探索途径	书籍、网络资源、采访调研等	
任务清单	步骤 1：自主探索，或以小组为单位合作探索	
	步骤 2：制作 PPT，向师生汇报调研成果	
探索记录		

第一框 人民创造历史

知识盘点

人是实践的主体 → 人民群众是社会历史的主体，是历史的创造者
- 人民群众的内涵
- 人民群众的作用
  - 社会物质财富的创造者
  - 社会精神财富的创造者
  - 社会变革的决定力量

杰出人物在社会历史发展中的作用
- 发起和探索作用
- 组织和领导作用
- 表率和示范作用

要历史地、辩证地看待

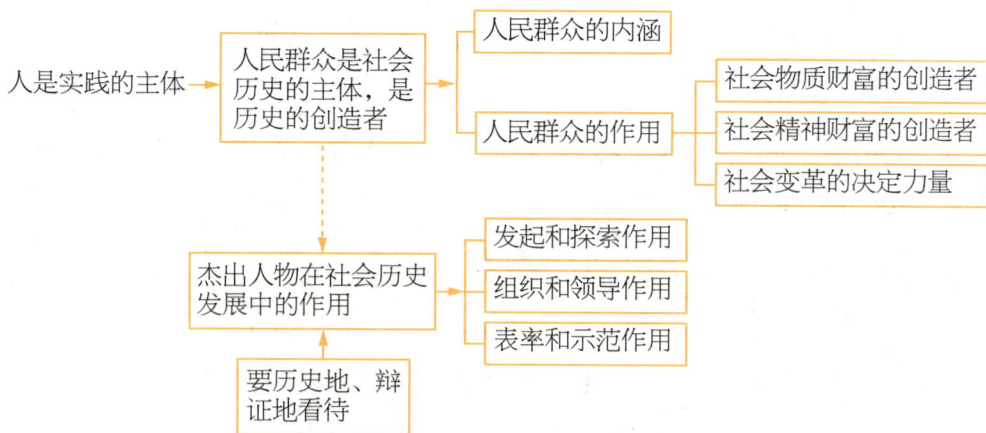

学点 1 如何理解人民群众的内涵？我国现阶段人民群众的范围包括哪些？

人民群众是指一切对社会历史发展起_____作用的人。在不同历史时期，人民群众有着不同的内涵。在我国现阶段，全体社会主义_____者、社会主义事业的_____者、拥护社会主义的_____者、拥护祖国统一和致力于中华民族伟大复兴的_____者，都属于人民群众的范围。

学点 2 为什么说人民群众是历史的创造者？

人民群众是社会_____的创造者。

人民群众是社会_____的创造者。

人民群众是_____的决定力量。

学点 3 如何看待杰出人物在社会历史发展中的作用？

杰出人物在历史发展中具有_____和_____作用。

杰出人物在历史发展中具有_____和_____作用。

杰出人物在历史发展中具有_____和_____作用。

任何杰出人物都是一定时代的社会历史条件的产物，不管他在历史上发挥了多大的作用，都是受到社会发展_____的制约，不能决定和改变历史发展的总进程和总方向。

学习点拨

人民群众是一个历史范畴。在不同的国家、不同的历史时期，人民群众具有不同的内涵，但不论怎样变化，劳动群众都是人民群众的主体部分。

人民群众是历史的创造者，但也不否认个人的作用。个人对社会发展会产生或大或小、或促进或阻碍的作用。

案例启迪

案例：

在浙江萧山浦阳江边，有一个被青山环抱的绿色基地，其创立者小朱是一位"80后"的"新农人"。一些人认为，青年人更喜欢大城市的车水马龙，但小朱却毅然决然地放弃了在城市的"铁饭碗"，选择回到青山绿水的怀抱中，投身于乡村建设。他在实践中探索立体生态农业，希望可以给自己的家乡带去新的创富经验。有越来越多像小朱这样的青年奋斗在乡村振兴的路上，他们生动地诠释了新时代青年的责任担当和奋斗精神。

二 基础训练

(一)判断题

1. 人民群众就是劳动群众。 （　　）

2. 人民群众是社会存在和发展的基础。 （　　）

3. 杰出人物在社会历史发展中的作用大于人民群众的作用。 （　　）

(二)单项选择题

1. 毛泽东指出："人民，只有人民，才是创造世界历史的动力。"以下对于人民群众的认识，正确的是（　　）。

　A. 人民群众是指各行各业的劳动者

　B. 人民群众是指一切对社会历史发展起推动作用的人

　C. 在不同历史时期，人民群众的内涵是固定不变的

　D. 在我国现阶段，人民群众就是全体公民

2. 在中国历史发展的长河中，很多杰出人物留下了可歌可泣的事迹。杰出人物（　　）。

　A. 比人民群众更能推动社会历史的发展

　B. 能够作出完全科学的决策

　C. 能够决定社会历史发展的总进程

　D. 能够较早地认识和把握历史发展的趋势

3. 习近平总书记指出："历史充分证明，江山就是人民，人民就是江山。"没有任何力量能够阻挡中国人民和中华民族前进的步伐，是因为我们在历史前进的逻辑中前进。这个逻辑告诉我们（　　）。

　①人民群众是社会历史的主体

　②人民群众是社会变革的决定力量

　③历史是英雄的舞台

　④人民群众从根本上决定了社会发展

　A.①②　　　　B.①③　　　　C.②④　　　　D.③④

(三)分析运用题

历代以来，那些代表先进阶级、阶层、集团的利益，能够反映时代要求的杰出人物，对推动历史发展作出了重要贡献或起到了重要作用。梁启超认为，"历史者英雄之舞台也，舍英雄几无历史"，在他看来，"大人物心理之动进稍易其轨，而全部历史可以改观"。

结合上述材料，说说你对杰出人物作用的认识。

笔　记

三 学思践行

习近平总书记指出："改革开放是人民的要求和党的主张的统一，人民群众是历史的创造者和改革开放事业的实践主体。"40 多年来，在这场波澜壮阔的历史进程中，人民群众创造了光耀千秋的宏图伟业，人民群众缔造了继往开来的伟大成就。

查阅改革开放以来的相关资料，搜集体现人民群众创造精神和实践精神的典型事例，在学习小组内进行分享交流。

第二框　自觉站在最广大人民的立场上

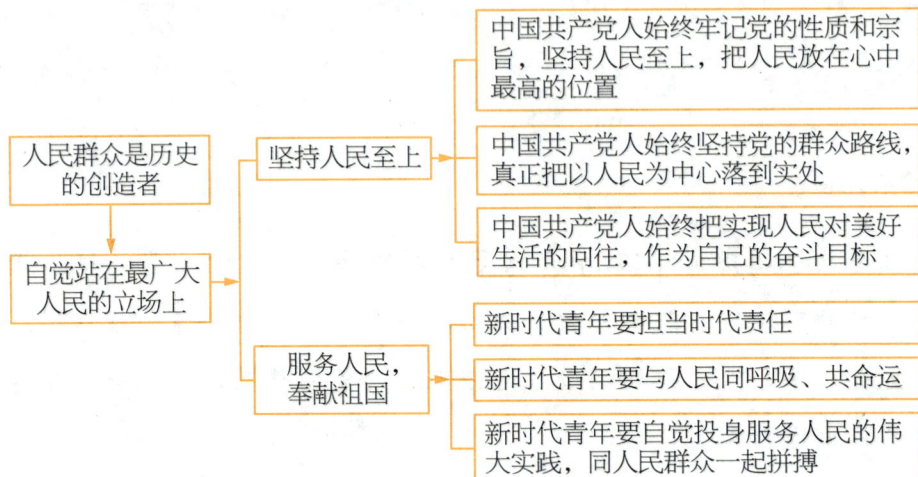

知识盘点

学点 1　中国共产党人如何坚持人民至上?

中国共产党人始终牢记党的性质和_____,坚持人民至上,把人民放在_____的位置。

中国共产党人始终坚持党的_____,真正把以_____为中心落到实处。

中国共产党人始终把实现人民对美好生活的向往,作为自己的_____。

学点 2　中国共产党的群众路线是什么?为什么必须坚持党的群众路线?

一切为了群众,一切依靠群众,从群众中来,到群众中去,这是党的群众路线。群众路线是党的_____线和根本_____路线。密切联系群众是党的优良传统。中国共产党始终依靠人民群众的力量,集中人民群众的智慧,获得了人民群众的衷心拥护和支持。

学点 3　新时代青年如何服务人民、奉献祖国?

新时代青年要担当时代责任。广大青年要肩负历史使命,坚定前进信心,立大志、明大德、成大才、担大任,努力成为堪当_____重任的时代新人。

新时代青年要与_____同呼吸、共命运。应牢固树立为人民服务的崇高理想,把人民的期盼和需要作为自己的奋斗目标,自觉把小我融入人民的大我之中。

新时代青年要自觉投身_____的伟大实践，同人民群众一起拼搏。

二 基础训练

(一)判断题

1. 密切联系群众是党的优良传统。 （ ）

2. 群众路线是党的生命线和根本工作路线。 （ ）

3. 优秀青年才可以担当时代责任，为人民服务。 （ ）

(二)单项选择题

1. 为中国人民谋幸福，为中华民族谋复兴，这是中国共产党人的( )。

A. 宗旨 　　　　　　　 B. 初心和使命

C. 工作路线 　　　　　 D. 优良传统

2. 为了更好地听取人民群众的心声，某县委开通 24 小时"金点子"热线，开通"金点子"征集邮箱，开展"进村社 发千卷 访万人"活动。该县委的这一做法( )。

A. 说明党坚持人民至上，以人民为中心

B. 说明人民群众是党和政府科学决策的主导

C. 目的是让人民群众的智慧直接变为党的政策

D. 目的是让每一位群众的要求都得到满足

3. 西汉刘向云："万物得其本者生，百事得其道者成。"中国发展之所以"得其本"，是因为视人民为共和国的坚实根基；国家治理之所以"得其道"，是因为人民是党执政的最大底气。从唯物史观的角度看，材料体现了( )。

①人民群众是创造社会历史的源泉

②人民群众是推动社会发展的根本动力

③群众路线是我们党的生命线和根本工作路线

④党自觉站在最广大人民的立场上

A.①② 　　　　 B.①③ 　　　　 C.②④ 　　　　 D.③④

(三)分析运用题

100 多年来，从石库门到天安门，从兴业路到复兴路，干革命、搞建设、抓改革，我们党根据不同历史时期所要解决的社会主要矛盾，提出路线方针政策，忠实地践行人民至上的理念。中国共产党的历史，就是一部践行党的初心使命的历史，就是一部党与人民同呼吸、共命运、心连心的历史。

结合本课内容，谈谈中国共产党人是如何坚持人民至上、践行初心使命的。

三 学思践行

登录本地政府网站、查看本地政府公众号或者采访周边居民，了解当地近几年开展了哪些民生实事项目、项目的进展情况和实施效果如何，在学习小组内进行分享交流。

综合实践

学校团组织准备开展"服务基层践初心，挺膺担当砺青春"的社会实践活动，组织同学们走进社区，发挥兴趣爱好和专业所长，用实际行动服务社区建设，助力基层社会治理工作有序开展，彰显新时代青年的使命感和责任感。

团组织首先在全校范围内征集实践活动项目，请设计 2～3 个项目，简要填写在下面的表格里。

项目一	
项目二	
项目三	

项目征集完成后，经过团组织的筛选和完善，形成项目清单发放给同学们。各班自选清单上的项目，组建服务小分队，利用休息日或假期时间开展社区服务活动。请为你所在的小分队选择一个实践活动项目，制订活动方案，然后团队成员付诸行动。

活动主题	
活动时间、地点	
活动具体内容	
人员分工安排	
活动注意事项	

沉浸体验

新时代新征程，开启新的奋斗篇章。登录国家发布的"奋进新时代"主题成就展网上展馆，身临其境感受新时代以来，党带领人民取得的历史性成就、进行的历史性变革，体会党为中国人民谋幸福，为中华民族谋复兴的初心和使命。

第 12 课　实现人生价值 ●●●

智慧导航

目标引领	了解价值观、人生观的含义及其关系，理解价值观对人们行为具有导向作用，领悟核心价值观的作用，自觉树立正确的价值观
	理解社会主义核心价值观的内涵，认识培育和践行社会主义核心价值观的必要性与重要性，懂得从现在做起，从我做起，真正做到内化于心、外化于行
	理解人生价值的基本内容、自我价值和社会价值的关系、人生价值的衡量标准，勇做走在新时代前列的奋进者、开拓者、奉献者，自觉在奉献社会中实现人生价值
学习要点	价值观的导向作用
	广泛践行社会主义核心价值观
	人生价值是自我价值和社会价值的统一
	在奉献社会中实现人生价值

探索任务

探索主题	我们的价值观（广泛践行社会主义核心价值观）	
探索任务	任务 1	开展校园采访：说说你的价值观。了解同学们心中的人生观、价值观，感受价值观给我们的学习和生活带来的影响
	任务 2	观看中央电视台播出的纪录片《国魂：社会主义核心价值观》。该片采用生动鲜活的人物和故事，分别从国家层面、社会层面和个人层面对社会主义核心价值观进行解读和阐释，全方位展示了培育和践行社会主义核心价值观的重大意义和实践要求。通过观看这部纪录片，了解社会主义核心价值观的基本内涵，理解新时代青年践行社会主义核心价值观的必要性和重要性
	任务 3	采访本校优秀毕业生，请他们谈谈在本职工作中践行社会主义核心价值观的经历和感悟
探索途径	网络资源、采访交流等	
任务清单	步骤 1：自主探索，或以小组为单位合作探索	
	步骤 2：制作 PPT，向师生汇报调研成果	
探索记录		

第一框 树立正确的价值观

知识盘点

社会意识对社会存在具有反作用 → 树立正确的价值观 →

价值观的导向作用 →
- 价值观、人生观的含义及其关系
- 价值观是人生的向导
- 核心价值观的地位与作用

广泛践行社会主义核心价值观 →
- 社会主义核心价值观的基本内涵
- 为什么要广泛践行社会主义核心价值观
- 如何广泛践行社会主义核心价值观

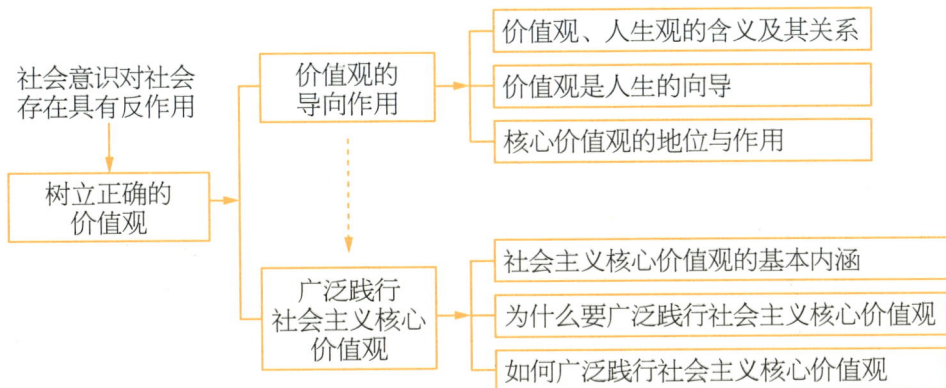

学点 1 什么是价值观和人生观？为什么说价值观是人生的向导？

价值观是人们对于＿＿＿＿＿＿的总的看法和根本观点。人生观是人们关于人生目的、人生态度、＿＿＿＿＿＿等问题的根本观点。人生观的核心问题就是＿＿＿＿＿＿问题。

价值观是人生的向导。价值观＿＿＿＿＿＿一个人的理想、信念、生活目标，＿＿＿＿＿＿人们对人生目的、人生意义、人生道路等问题的思考和选择。价值观不同，人们在面对公与私、义与利、苦与乐、生与死等冲突时作出的＿＿＿＿＿＿也不同。

学点 2 什么是核心价值观？核心价值观有哪些作用？

在一定社会的各种价值观中，居于＿＿＿＿＿＿地位、起着＿＿＿＿＿＿作用的价值观是核心价值观。

核心价值观承载着一个民族、一个国家的精神追求，体现着一个社会评判是非曲直的标准，是一个民族赖以维系的精神纽带，是一个国家共同的＿＿＿＿＿＿，是最持久、最深层的＿＿＿＿＿＿。

学点 3 如何理解社会主义核心价值观的基本内涵？

社会主义核心价值观的基本内容包括：富强、＿＿＿＿＿＿、文明、和谐，自由、平等、＿＿＿＿＿＿、法治，爱国、＿＿＿＿＿＿、诚信、友善。它回答了我们要建设什么样的国家、建设什么样的社会、培育什么样的公民的重大问题。

学习点拨

价值观具有多样性，不同的阶级、不同的主体、不同时代的人们具有不同的价值观。个人价值观的形成，既受到自己所在阶级立场的影响，也受到个人具体生活环境的影响。

从性质上讲，价值观有正确与错误、先进与落后之分。正确的价值观能指导人们正确地认识和改造世界，错误的价值观的引导会导致失败，使人误入歧途。

价值观对人的认识评价、实践活动和人生道路选择具有导向作用，但不是决定作用。

学点4 我们为什么要广泛践行社会主义核心价值观？

社会主义核心价值观是当代中国精神的集中体现，凝结着全体人民共同的＿＿＿＿＿＿，是凝聚人心、汇聚民力的强大力量，为我们提供了＿＿＿＿＿＿和价值选择的根本标准，引导我们明大德、＿＿＿＿＿＿、严私德。

青少年是祖国的未来，民族的希望。青少年阶段是人生的"拔节孕穗"期，是＿＿＿＿＿＿形成和确立的重要时期。

学点5 我们如何广泛践行社会主义核心价值观？

要把社会主义核心价值观＿＿＿＿＿＿、＿＿＿＿＿＿、＿＿＿＿＿＿。新时代青年要将社会主义核心价值观转化为人生的价值准则，使其成为一言一行的基本遵循、日常的行为准则，切实做到＿＿＿＿＿＿、＿＿＿＿＿＿、＿＿＿＿＿＿、＿＿＿＿＿＿。

二　基础训练

（一）判断题

1. 价值观对人们改造客观世界具有正确的导向作用。　（　　）

2. 社会主义核心价值观为我们提供了价值判断和价值选择的根本标准。　（　　）

3. "爱国、敬业、诚信、友善"回答了要建设什么样的社会的重大问题。　（　　）

（二）单项选择题

1. 青年时期是价值观形成和确立的重要时期，抓好这一时期的价值观养成十分重要。这就像穿衣服扣扣子一样，如果第一粒扣子扣错了，剩余的扣子都会扣错。这表明，价值观（　　）。

A. 是社会存在的正确反映　　B. 对人们改造世界具有促进作用

C. 是人生的重要向导　　D. 承载着一个民族和国家的精神追求

2. 以下属于社会主义核心价值观国家层面的内容的有（　　）。

A. 富强、民主、文明、和谐　　B. 民主、平等、公正、法治

C. 自由、平等、文明、和谐　　D. 公正、法治、诚信、友善

3. 思政课上，同学们以学习小组为单位，就"社会主义核心价值观"展开探究。以下同学的观点，正确的是（　　）。

①同学甲：社会主义核心价值观引导我们明大德、守公德、严私德

②同学乙：我国每个公民的价值观都是社会主义核心价值观

③同学丙：社会主义核心价值观决定了我们社会主义事业的发展方向

④同学丁：践行社会主义核心价值观要切实做到勤学、修德、明辨、笃实

A.①②　　　　　B.①④　　　　　C.②③　　　　　D.③④

(三)分析运用题

延乔路位于安徽省合肥市肥西县境内，因纪念革命先驱陈延年、陈乔年而命名。每到重要节日，市民们都会来到这里献花、留言，表达对革命先驱者的敬意。这是精神之火的传递，亦是红色基因的赓续。崇尚英雄才会产生英雄，争做英雄才能英雄辈出。与青年革命者对话，能激发当下青年与国家同呼吸、共命运的爱国情和强国志。

运用"价值观是人生的向导"的相关知识，说明传递精神之火、赓续红色基因的重要性。

三 学思践行

每年的 3 月 5 日是学雷锋纪念日。雷锋的一生虽然短暂，但他为了人民的事业无私奉献的精神影响着一代代中国人。60 多年来，学雷锋活动在全国持续深入开展，雷锋的名字家喻户晓，雷锋的事迹深入人心，雷锋精神从未远去。新征程上，我们要深刻把握雷锋精神的时代内涵，培育和践行社会主义核心价值观，形成良好的社会风尚，让雷锋精神在全社会蔚然成风。

学校拟开展"寻找生活中的雷锋"系列观察活动，下表是活动说明。以个人或学习小组为单位，从中任选一项开展活动，并把活动成果(作品)发送到活动指定邮箱，后续将择优在学校公众号上展示。

活动类型	活动说明
拍"雷锋"	可以捕捉生活中看到的某个人或某个团队学雷锋的经典镜头(如最打动你的瞬间)，拍成照片或短视频。 也可以跟踪拍摄某个人或某个团队学雷锋一日活动，做成视频并配上解说和字幕，制作成学雷锋纪录片
画"雷锋"	画出生活中某个人或某个团队学雷锋的场景(可以是最感动你的瞬间，也可以是你心目中的这些学雷锋人物的个像或群像)
写"雷锋"	以你观察到的学雷锋人物为对象写一篇文章(可以是你的感受，也可以是其活动记录，形式不限，内容多样)

第二框 人生价值贵在奉献

一 知识盘点

价值观是人生的向导 → 广泛践行社会主义核心价值观 → 人生价值贵在奉献

人生价值是自我价值和社会价值的统一
- 人生价值的内涵
- 自我价值是个体生存和发展的必要条件
- 社会价值是人的根本价值，是自我价值实现的基础

在奉献社会中实现人生价值
- 在积极奉献中实现人生价值
- 立足本职岗位实现人生价值
- 以诚实劳动实现人生价值

新时代青年要勇做走在时代前列的奋斗者、开拓者、奉献者

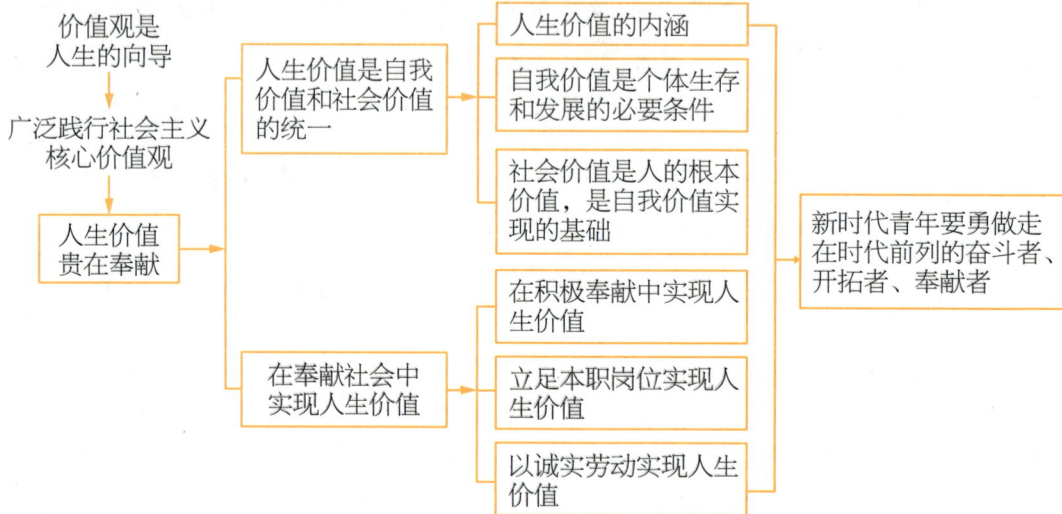

学点 1 人生价值包括哪两个方面？

人生价值包括人生的自我价值和社会价值两个方面。

自我价值是个体的活动对自己的生存和发展所具有的价值，主要表现为对自身_____和_____的满足程度。

社会价值是个体的活动对社会、他人所具有的价值，主要表现为个人对社会的_____和_____。

学点 2 如何理解人生价值是自我价值和社会价值的统一？

自我价值是个体生存和发展的_____，个体通过努力提高自我价值的过程，也是其创造社会价值的过程。

社会价值是人的_____价值，是自我价值实现的_____。评价人生价值主要看个体对社会所作的_____。当自我价值和社会价值发生矛盾时，自我价值应_____于社会价值。

学点 3 我们如何在奉献社会中实现人生价值？

在积极_____中实现人生价值。

立足_____实现人生价值。

以诚实_____实现人生价值。

新时代青年要勇做走在时代前列的_____、_____、奉献者。

学点4 如何理解人的价值是奉献与获取的统一？衡量人生价值的标准，最重要的是什么？

　　人是价值的＿＿＿＿＿＿，也是价值的＿＿＿＿＿＿。人的价值是奉献与获取的统一。＿＿＿＿＿＿推动了社会发展，为个人的正当获取打下基础；正当的＿＿＿＿＿＿又会激发起个人的积极性和创造性，为社会作出更大的贡献。二者不可分割地联系在一起，只有"我为人人，人人为我"，社会才能和谐进步。

　　衡量人生价值的标准，最重要的就是看一个人是否用自己的劳动和聪明才智为国家和社会真诚＿＿＿＿＿＿，为人民群众尽心尽力＿＿＿＿＿＿。

启迪：

　　人生价值是自我价值和社会价值的统一。章金媛在本职岗位上和志愿服务中，造福无数患者，创造了社会价值，由此获得国际护士会和南丁格尔基金会颁发的2023年"国际成就奖"，实现了自我价值。

哲理名言

　　一个人的价值，应当看他贡献什么，而不应当看他取得什么。
　　　　——爱因斯坦

二　基础训练

（一）判断题

1. 人只是价值的创造者，不是价值的享受者。　　　　　　（　　）

2. 评价一个人价值的大小，就要看他获得多少劳动报酬。　（　　）

3. 当自我价值和社会价值发生矛盾时，自我价值应服从于社会价值。

　　　　　　　　　　　　　　　　　　　　　　　　　　（　　）

（二）单项选择题

1. 马克思说："如果一个人只为自己劳动，他也许能够成为著名的学者、伟大的哲人、卓越的诗人，然而他永远不能成为完美的、真正伟大的人物。"这说明，（　　）。

　　A. 为了创造社会价值，我们应放弃自我价值的实现

　　B. 没有社会价值，人的自我价值也能得到实现

　　C. 我们对社会作出的贡献越大，得到的回报就必定越多

　　D. 个体的活动不仅要满足自我的需要，还必须满足社会的需要

2. "共和国勋章"获得者、"杂交水稻之父"袁隆平院士一生致力于杂交水稻技术的研究、应用与推广，开创了中国杂交水稻事业。这些技术被很多国家应用，人们赞誉他用"一粒种子改变世界"。据此可知，（　　）。

　　A. 人生价值是通过所获得的荣誉体现出来的

　　B. 人是价值的创造者和享用者，社会价值是人的根本价值

　　C. 社会价值和自我价值必然成正比

　　D. 只有为国家作出巨大贡献才能实现人生价值

3. 我国每一项成就的取得，都是劳动者立足本职、无私奉献的结晶。劳动者用坚守和努力，在奋斗中塑造了劳动之美，创造了幸福生活。关于劳动，以下说法正确的是（　　　）。

① 劳动能力强的人对社会的贡献更大，人生价值也更大

② 劳动是创造价值的源泉，是推动社会进步的根本力量

③ 体力劳动者比脑力劳动者付出更多，创造的价值更大

④ 劳动最光荣、劳动最崇高、劳动最伟大、劳动最美丽

A. ①②　　　　B. ①③　　　　C. ②④　　　　D. ③④

（三）分析运用题

杭州亚运会赛会志愿者被称为"小青荷"。"青荷"的谐音是亲和，代表着志愿者微笑的亲和力。在赛场内外，到处都有"小青荷"们忙碌的身影，他们主要服务于亚运会的 54 个竞赛场馆、20 个独立训练场馆、22 个专项工作团队以及为竞赛运行的 13 个不同领域。他们用饱满的热情和周到的服务给所有人带来了温暖与美好，受到了来自各代表团、技术官员、媒体记者、现场观众的肯定与赞扬。他们用实际行动弘扬了"奉献、友爱、互助、进步"的志愿精神，向国际社会展现了中国城市的文明面貌和中国青年的良好风貌。

结合"小青荷"们的事迹，说说他们的人生价值。

三 学思践行

多元的时代，每个人都可以有自己独特的人生选择。当个人理想与社会需求无法统一时，是听从内心的声音、自由自在地去追梦，还是听从祖国的召唤，让青春在奉献中闪光？这是一个时代之问，是每一个时代青年都应该认真思考的问题。

组织班级辩论会，辩题为"到祖国最需要的/到个人最理想的地方去工作是实现人生价值的最佳选择"。

正方观点：到祖国最需要的地方去工作是实现人生价值的最佳选择。

反方观点：到个人最理想的地方去工作是实现人生价值的最佳选择。

通过辩论会进一步深化对人生价值内涵及实现的思考。

综合实践

　　近年来，不断涌现的"时代楷模""道德模范""最美人物""身边好人"等先进典型，在全社会引起了强烈反响。从他们身上，我们看到一种精神、一种品格、一种力量。他们以实际行动，生动诠释社会主义核心价值观的真谛，在劳动奉献中实现人生价值，充分展示了当代中国人的精神风貌。追逐榜样的光芒，作为新时代青年，我们应如何把社会主义核心价值观落细、落小、落实，融入日常学习、工作和生活，向我们的人生目标和理想进发？

　　开展"做一件有价值的事 给人生一个标杆"主题实践活动，通过我们自己的"行"，带动身边人，展现自身人生价值，推广社会主义核心价值观。用文字、照片、视频、美篇、手抄报、PPT 等形式记录行动的全过程和对行动的思考（记录要点参考下表）

"做一件有价值的事　给人生一个标杆"

活动记录表

班级：		姓名：
选题	我选择做一件什么事（或解决一个什么问题）？	
	我为什么要做这件事（或解决这个问题）？	
过程	我是如何做这件事（或解决这个问题）的？	
	我掌握了什么新的知识或能力，或得到了什么帮助，克服了什么困难？	
	这件事我做成功了吗？达到预期目标了吗？我是如何确定的？	
反思	从这件事中，我有哪些收获？	
	对于这件事，我还有什么新的设想？	
评价	我如何评价自己在此次行动中的表现？	
	我的家人、老师、同学以及周围的人对我的行动表现有何评价？	

沉浸体验

　　人生有很多选择，在不同的行业领域和工作岗位上我们都可以实现自己的人生价值。中央电视台播放的纪录片《技能人生》，讲述了具有代表性的职业技能人才和世界技能大赛亲历者的真实故事，展示了他们一个个平凡而闪光的瞬间。每一种职业都值得被热爱，每一位技能人的坚守都值得被看见。让我们走近他们，感受技能人生的意义与价值。

评价反思

评价项目			评价内容	自评	他评	师评
学习态度与习惯（20分）	学习态度		积极主动参与学习，有进取心，学习兴趣浓厚，求知欲强			
	学习习惯		课前做好学习准备，上课认真听讲，按时完成作业			
学习行为与表现（80分）	课堂（60分）	自主学习	遇到疑惑能在学习过程中及时解决			
		知识掌握	"智慧导航"中每一个知识要点的理解基本到位，并能构建知识之间的内在逻辑联系			
		表达展示	回答问题时表达准确、流利、有条理；展示成果与"探索任务"具有一致性			
		交流合作	积极主动地与小组同学配合，能耐心地倾听、吸纳他人的观点			
		搜集整理	能够搜集相关的资料，整理资料能力强，搜集到的信息全面且有条理			
		作业情况	在规定的时间内自觉完成作业，存在疑惑能及时向老师、同学请教			
	课外（20分）	实践活动	能够认真完成课后"学思践行"与"综合实践"，并且主动和同学分享			
自评总分			建议：			
他评总分						
师评总分						
我的学习反思						

参考答案

第一单元 立足客观实际 树立人生理想

第1课 时代精神的精华

第一框 哲学的智慧

【知识盘点】

学点1 热爱智慧 追求智慧 总体

学点2 社会实践 追问和思考 认识世界 改造世界

学点3 总的看法 根本观点 认识世界 改造世界

学点4 自然 社会 思维 概括 指导

【基础训练】

（一）判断题

1. √ 2. × 3. ×

（二）单项选择题

1. A 2. B 3. D

（三）分析运用题

惊奇和实践活动对哲学的产生有着重要的作用，但哲学起源于人们在实践活动中对各种根本问题的追问和思考。

惊奇是开启人类智慧的钥匙，是哲学产生与发展的动力。哲学产生于实践，但哲学并不是在人们的社会实践中自发地生成的。只有当人们在实践活动中对事物感到惊奇、去追问和思考世界时，哲学才会产生。人类在实践活动中的不断追问和思考，推动着哲学进一步发展。

第二框 马克思主义哲学指引人生路

【知识盘点】

学点1 光辉篇章 集大成者 马克思 恩格斯 无产阶级 广大劳动群众 自由解放

学点2 辩证 历史 事物矛盾运动的规律

学点3 自由而全面的发展 人民性

学点4 科学的 正确方向 思想滋养 思维方法

学点5 真学 真懂 真信 真用

【基础训练】

(一)判断题

1.√ 2.√ 3.×

(二)单项选择题

1.D 2.B 3.D

(三)分析运用题

甲同学认为只有当哲学家才需要学习哲学,但没看到哲学对我们的学习、工作和生活的影响。乙同学看到了哲学对实践的指导作用,特别指出哲学为具体科学学习和研究提供世界观和方法论的指导。

马克思主义哲学是科学的世界观和方法论,对中国特色社会主义建设和我们的成长成才具有重要的指导作用。学习马克思主义哲学,可以为我们成长成才指明正确方向,提供思想滋养;可以帮助我们树立正确的世界观、人生观和价值观,正确看待自然、社会和人生的变化与发展;可以帮助我们形成科学的思维方法,提高分析问题和解决问题的能力,更好地认识世界和改造世界,走好人生路。

第2课 树立科学的世界观

第一框 世界的物质性

【知识盘点】

学点1 人的意识 人的意识 客观实在

学点2 劳动 物质器官 主观映象 客观 主观

学点3 劳动 物质资料 生产劳动

学点4 物质 产物 物质性 物质统一性

【基础训练】

(一)判断题

1.√ 2.× 3.×

(二)单项选择题

1.C 2.A 3.C

(三)分析运用题

人工智能并不具有人类意识。

从意识起源来看,社会实践,特别是劳动,在意识的产生和发展中起着决定性的作用;从产生意识的生理基础来看,意识是人脑这种特殊物质的机能;从意识的本质来看,意识是客观世界在人脑中的主观映象。

虽然人工智能可以模拟人类的某些智能行为，但这种模拟是基于人类编写的程序、预设的算法和规则，是人类意识的产物，而不是基于其自我意识和感知。人工智能没有社会性、能动性和创造能力，不具有人类意识。

第二框 用科学世界观指导人生发展

【知识盘点】

学点1 世界本原 物质 意识

学点2 决定 物质 反作用 独立存在

学点3 客观实际 主观愿望 唯物主义 无神论

学点4 物质的 唯物主义 欺骗群众 唯心主义

【基础训练】

(一)判断题

1.√ 2.√ 3.×

(二)单项选择题

1.B 2.D 3.D

(三)分析运用题

甲属于唯物主义，乙属于唯心主义。

物质和意识到底谁为世界本原，即物质和意识何者是第一性、何者是第二性，对这一问题的不同回答，构成了划分唯物主义和唯心主义的标准。唯物主义认为，物质是本原的，意识是派生的，先有物质后有意识，物质决定意识；唯心主义认为，意识是本原的，物质依赖于意识，不是物质决定意识，而是意识决定物质。

第3课 追求人生理想

第一框 坚持客观规律性与主观能动性的辩证统一

【知识盘点】

学点1 根本属性 存在方式 完全静止 有条件 相对

学点2 客观规律性 必然的 人的意志 普遍性

学点3 自觉地 特有 认识世界 改造世界 精神状态

学点4 客观规律 规律性 主观能动性 统一 客观条件 能动作用

【基础训练】

(一)判断题

1.× 2.√ 3.√

(二)单项选择题

1. C   2. B   3. A

(三)分析运用题

"劈柴不照纹,累死劈柴人"告诉我们,想问题办事情要认识现实、尊重现实,做到一切从实际出发,充分发挥主观能动性,找出事物本身固有的规律性,按规律办事。只有善于行动,才能事半功倍。相反,如果我们想问题办事情仅从主观愿望出发,不顾客观实际和客观规律,就会导致事倍功半,甚至前功尽弃。

第二框　努力把人生理想变为现实

【知识盘点】

学点1　高于现实　社会实践活动　超越现实　脚踏实地　小事

学点2　中国特色社会主义　伟大复兴　共产主义

学点3　向往　期待　全体成员　社会理想　社会实践　目标方向　社会全体成员　社会理想

【基础训练】

(一)判断题

1. ×   2. √   3. ×

(二)单项选择题

1. A   2. A   3. D

(三)分析运用题

1. 理想是人们对美好未来的向往和追求,是激励人们奋发向上、不断进取的强大精神动力。崇高理想对人生有重大的指导和促进作用。

2. 理想是人与动物的区别之一。如果一个人没有理想,就缺乏明确的人生方向和动力,虽然可能短期生活得很好,但难以实现更高层次的人生价值,无法带来持久的幸福感。

3. 广大青年要坚定理想信念,厚植家国情怀,勇担历史使命,奋力书写挺膺担当的青春篇章。

第二单元　辩证看问题　走好人生路

第4课　用联系的观点看问题

第一框　世界是普遍联系的

【知识盘点】

学点1　事物之间　事物内部　普遍性　多样性

学点2　自然界　人的思维　部分和要素　整个世界　孤立地　片面地

学点3　人的意志　主观臆造

学点4　直接联系　偶然联系　复杂多样　不同的方法

学点5　依赖　事物之间　事物内部　时间

【基础训练】

(一)判断题

1. ×   2. √   3. √

(二)单项选择题

1. C   2. B   3. D

(三)分析运用题

漫画《人与自然》体现了联系的普遍性原理。世界是普遍联系的,任何事物都与周围其他事物有着这样或那样的联系。

蕴含相同哲理的俗语或成语包括:牵一发而动全身;唇齿相依,唇亡齿寒;叶落知秋;城门失火,殃及池鱼;名师出高徒;等等。

第二框　在和谐共处中实现人生发展

【知识盘点】

学点1　部分　功能　变化　决定

学点2　结构优化　系统　关键

学点3　和谐共生　生命共同体　保护自然

学点4　和谐　自我封闭

学点5　身心和谐　德智体美劳

【基础训练】

(一)判断题

1. √   2. ×   3. √

(二)单项选择题

1. C   2. C   3. B

(三)分析运用题

哲学启示:部分的功能及其变化会影响整体的功能,关键部分的功能及其变化甚至对整体的功能起决定作用。我们在立足整体的同时,要重视部分的作用,善于抓住关键部分。

蕴含相同哲理的俗语、成语:防微杜渐;一着不慎,满盘皆输;一颗老鼠屎坏了一锅粥;细节决定成败;一着妙棋,满盘皆活;等等。

第5课　用发展的观点看问题

第一框　世界是永恒发展的

【知识盘点】

学点1　自然界　人类社会　人的认识

学点2　新事物的产生　客观规律　违背

学点3 波浪式前进 前进性和曲折性

学点4 量变与质变 数量 性质

学点5 必要准备 必然结果 量变 质变

【基础训练】

(一)判断题

1. × 2. √ 3. ×

(二)单项选择题

1. A 2. B 3. D

(三)分析运用题

中职生小慧的故事主要体现的是事物变化发展的两种基本状态，即量变和质变。事物的发展总是以量变开始的，量变达到一定程度必然引起质变。

中职生小慧的故事告诉我们，实现目标的过程不是一蹴而就的，我们只有朝着目标脚踏实地，日积月累，不断努力，才有可能突破自我，最终实现目标，获得成长。

第二框　用发展的观点处理人生问题

【知识盘点】

学点1 脚踏实地 抓住时机 性质

学点2 有利条件 磨炼意志

学点3 居安思危 抓住机遇

学点4 冷静思考 乐观向上

【基础训练】

(一)判断题

1. √ 2. × 3. √

(二)单项选择题

1. A 2. B 3. C

(三)分析运用题

1. 人生发展有顺境也有逆境。纵观历史，古今中外很多伟人、名人，他们都曾身处逆境中，但经过自身的顽强拼搏，凭着超人的努力，最终都走出了逆境，创造了辉煌。

逆境会使我们一时受挫，但只要我们正确对待，就可以磨炼意志，积累经验，促使我们奋发向上。面对挫折，我们要树立正确的态度，用坚强的意志战胜挫折，进而走向成功。

2. 人生路上有顺境也有逆境，正确认识挫折、困难、失败，勇敢地面对，树立必胜的信念。学会用灵活的策略、理智的态度克服困难。不悲观、不动摇，树立远大的人生理想，坚信前途一定是光明的。

第6课　用对立统一的观点看问题

第一框　对立统一规律是事物发展的根本规律

【知识盘点】

学点1　既对立又统一

学点2　差别

学点3　源泉和动力　相互依存　此消彼长

学点4　一切事物　始终

学点5　不同事物　不同过程　不同方面

学点6　相互联结　离不开　相互转化

【基础训练】

(一)判断题

1. ×　2. √　3. √

(二)单项选择题

1. B　2. B　3. C

(三)分析运用题

矛盾的普遍性和特殊性相互联结。一方面，普遍性寓于特殊性之中；另一方面，特殊性离不开普遍性。世界上的事物所包含的具体矛盾各不相同，所以在认识和处理问题的时候要学会具体分析事物矛盾的特殊性。

"千万工程"既尊重农村发展的原貌，也遵循了不同村子自身发展的规律，因地制宜地制定"一村一策"，就是坚持具体分析事物矛盾的特殊性，所以才能造就万千美丽乡村，开启了浙江农村的美丽蝶变，形成了中国式现代化道路在乡村基层的实践样本。

第二框　正确认识和处理人生矛盾

【知识盘点】

学点1　决定作用　次要矛盾

学点2　主要方面　次要方面　主要矛盾

学点3　两点论　重点论　两点论与重点论

学点4　对立统一　内因　外因

学点5　正确认识事物　特殊性　正确解决矛盾

【基础训练】

(一)判断题

1. √　2. ×　3. √

(二)单项选择题

1. D　2. C　3. B

(三)分析运用题

矛盾特殊性原理是学校因材施教、培养人才的重要哲学依据。而具体问题具体分析是解决矛盾的关键，是科学评价学生的前提。学校通过采用多元化的评价维度，发掘每一个学生身上的闪光点，让学生形成积极的自我评价，从而营造了"个个有优点，人人能成才"的校园文化氛围，激励学生努力向前。

第三单元　实践出真知　创新增才干

第7课　实践出真知

第一框　人的认识从何而来

【知识盘点】

学点1　来源　动力　唯一标准　目的　改造世界

学点2　决定　反作用　无限发展　上升过程

学点3　实践到认识　认识到实践

【基础训练】

(一)判断题

1. √　2. ×　3. √

(二)单项选择题

1. B　2. C　3. A

(三)分析运用题

支持农夫的观点。

原因：实践是认识的来源。离开实践，认识是不可能产生的。实践也是认识发展的动力，实践的需要推动认识的产生和发展。小牛只有下田，才能学会耕田。

第二框　坚持实践第一的观点

【知识盘点】

学点1　理论联系实际　知行合一

学点2　经验　具体问题　具体分析

学点3　科学的理论　实际状况　本质　规律

学点4　书本知识　行动者　个人　社会　国家

【基础训练】

(一)判断题

1. ×　2. √　3. √

（二）单项选择题

1．B　　2．A　　3．C

（三）分析运用题

要求结合自己的学习和实践。例如，在专业课学习中，要夯实理论基础，更要进行实践操作，在实践中提高自身的知识和技能。

要做到知行合一，就要做到：广泛吸收书本知识，多读书、读好书、善读书；不能做坐而论道的清谈客，而是做起而行之的行动者，在认真学习的基础上行动起来，真正把自己所学落到实处；在学习和实践中，坚持做中学、学中做，学以致用、用以促学、学用相长，做到以知促行、以行促知。

第8课　在实践中提高认识能力

第一框　透过现象认识本质

【知识盘点】

学点1　外在表现　内在联系

学点2　统一体　相互区别　相互依存　决定　表现

学点3　事物的本质　现象　先导　主观能动性

【基础训练】

（一）判断题

1．√　　2．×　　3．√

（二）单项选择题

1．D　　2．B　　3．C

（三）分析运用题

透过现象看本质，需要掌握大量的现象，需要综合考察事物的各种现象。

透过现象认识本质，需要充分发挥主观能动性，运用科学的思维方法，对大量现象以及现象之间的关联进行科学的分析和研究，做到"去粗取精、去伪存真、由此及彼、由表及里"。

第二框　明辨是非，追求真理

【知识盘点】

学点1　复杂性　多样性　正面　反面　歪曲

学点2　真象与假象

学点3　符合　背离

学点4　真理　谬误　追求者　捍卫者　践行者

【基础训练】

(一)判断题

1. × 　2. √ 　3. ×

(二)单项选择题

1. C 　2. C 　3. B

(三)分析运用题

真理指引人类社会前行,照亮人生发展道路。人类在探索真理的过程中,不断深化着对自然界、人类社会、人自身的认识,引领和推动着社会实践的发展和进步。坚持和发展真理,必须同谬误作斗争。追求真理的过程不是一帆风顺的,有时会付出很大的代价,需要不畏艰险、勇往直前。

"鼓励创业"有利于职业院校学生进行创业实践,加深他们对市场、对经济、对自身的认识,帮助他们在创业中完善自我,实现人生价值。"宽容失败"立足于创业的实际,有利于学生树立勇往直前的信心,能够与谬误作斗争。

第9课　创新增才干

第一框　创新是引领发展的第一动力

【知识盘点】

学点1　认识能力　实践能力　主观能动性　不竭动力　创新精神　创新智慧

学点2　创新精神　民族禀赋　中华文明　创新精神　创新精神

学点3　新优势　经济社会发展　必然要求　第一动力

【基础训练】

(一)判断题

1. √ 　2. √ 　3. ×

(二)单项选择题

1. C 　2. A 　3. D

(三)分析运用题

(1)创新能力是当今国际竞争新优势的集中体现。我国在核心技术上的短板不仅市场代价巨大,还面临严重"卡脖子"风险,危及产业和国家安全。而我国在各领域的创新突破、前沿发展具有重大意义,影响我国国际竞争力和国际地位。

(2)创新使我国经济社会发展取得巨大成就。创新缔造中国高度,成就中国深度,改写中国速度,建设质量强国,必须坚持创新。

(3)创新才是我国赢得未来的必然要求,我们必须把创新作为引领发展的第一动力。

第二框　积极投身创新实践

【知识盘点】

学点1　创新意识　主观能动性　创新意识

学点2　创新自信　问题意识　突破常规

学点3　知识基础　创新思维能力　创新实践

【基础训练】

(一)判断题

1. √　2. ×　3. ×

(二)单项选择题

1. D　2. C　3. A

(三)分析运用题

(1)要树立创新意识，坚定创新自信，立足专业和岗位实际，做勇于创新的实践者，要增强问题意识，善于观察、深入思考、勇于探索；要敢于突破常规，敢闯敢干，做别人没有做过的事；要敢于跳出思维定式，尊重但不盲从权威，锐意进取。

(2)要夯实创新的知识基础，学好专业相关基础知识；要在学习和生活实践中不断提高自己的创新能力；要积极投身创新实践，要充分挖掘自身云参观的巨大创造能量和活力，把个人的创新实践与国家战略需求导向结合起来，投身改革创新的伟大实践。

第四单元　坚持唯物史观　在奉献中实现人生价值

第10课　人类社会及其发展规律

第一框　人类社会的存在与发展

【知识盘点】

学点1　物质生活资料　社会关系

学点2　社会存在　社会意识　历史唯物主义　历史唯心主义

学点3　物质生活条件　物质生产方式　人口因素　精神生活过程

学点4　决定　客观来源　主观反映　反作用　积极的推动　消极的阻碍

学点5　落后于　先于

【基础训练】

(一)判断题

1. √　2. ×　3. ×

(二)单项选择题

1．A　2．C　3．D

(三)分析运用题

(1)物质生产活动是人类社会赖以存在和发展的基础。人们为了生存，首先要获取吃、穿、住、用、行等所需要的生活资料。因此，第一个历史活动就是物质生活资料的生产。

(2)物质生产活动推动着人类社会的发展。物质生产的发展，源源不断地提供生产生活所需要的物质资料，促进新的生活方式和社会交往方式的产生，在推动经济繁荣的同时生产出新的社会关系，从根本上推动着社会的进步。

第二框　社会基本矛盾及其运动规律

【知识盘点】

学点1　生产力　生产关系　生产力　经济基础　上层建筑

学点2　劳动者　生产工具　生产资料所有制　产品分配

学点3　决定　适合　推动　不适合　阻碍

学点4　生产关系　思想体系

学点5　物质　适合　不适合　适合　进步力量　消极力量

【基础训练】

(一)判断题

1．×　2．√　3．√

(二)单项选择题

1．A　2．D　3．C

(三)分析运用题

(1)生产力决定生产关系。生产力的状况决定生产关系的性质和形式，生产力的变化、发展，迟早会引起生产关系的变革。进入新时代，小岗村推进土地"三权分置"改革，在完成土地承包经营权确权的基础上成立集体资产股份合作社，实现村民"人人持股"。

(2)生产关系对生产力具有反作用。当生产关系适合生产力发展的客观要求时，就会推动生产力的发展；当生产关系不适合生产力发展的客观要求时，就会阻碍甚至破坏生产力的发展。小岗村从进行"大包干"改革，到推进土地承包经营权确权、发展集体股份经济，不断破除阻碍农业生产力发展的经济体制和经营机制弊端，极大地解放了生产力，促进了经济发展。

第11课　社会历史的主体

第一框　人民创造历史

【知识盘点】

学点1　推动　劳动　建设　爱国　爱国

学点2　物质财富　精神财富　社会变革

学点3　发起　探索　组织　领导　表率　示范　客观规律

【基础训练】

(一)判断题

1. ×　2. ×　3. ×

(二)单项选择题

1. B　2. D　3. A

(三)分析运用题

(1)杰出人物对推动历史发展起到了重要作用。材料中梁启超的观点正是印证了这一观点。杰出人物在历史发展中具有发起和探索作用，具有组织和领导作用，具有表率和示范作用。

(2)我们要历史地、辩证地看待杰出人物在历史发展中的作用。任何杰出人物都是一定时代的社会历史条件的产物，不管他在历史上发挥了多大的作用，都是受到社会发展客观规律的制约，不能决定和改变历史发展的总进程和总方向。材料中梁启超的观点过于绝对。

第二框　自觉站在最广大人民的立场上

【知识盘点】

学点1　宗旨　心中最高　群众路线　人民　奋斗目标

学点2　生命　工作

学点3　民族复兴　人民　服务人民

【基础训练】

(一)判断题

1. √　2. √　3. ×

(二)单项选择题

1. B　2. A　3. D

(三)分析运用题

(1)中国共产党人始终牢记党的性质和宗旨，坚持人民至上，把人民放在心中最高的位置。党团结带领人民进行革命、建设、改革，根本目的就是让人民过上好日子。

(2)中国共产党人始终坚持党的群众路线，真正把以人民为中心落到实处。群众路线是党的生命线和根本工作路线。密切联系群众是党的优良传统。

(3)中国共产党人始终把实现人民对美好生活的向往作为自己的奋斗目标。中国共产党人始终不忘初心、牢记使命，努力为人民创造更美好、更幸福的生活。

第12课　实现人生价值

第一框　树立正确的价值观

【知识盘点】

学点1　事物价值　人生价值　价值观　影响　影响　选择

学点2　核心　主导　思想道德基础　精神力量

学点3　民主　公正　敬业

学点4　价值追求　价值判断　守公德　价值观

学点5　落细　落小　落实　勤学　修德　明辨　笃实

【基础训练】

(一)判断题

1.×　2.√　3.×

(二)单项选择题

1.C　2.A　3.B

(三)分析运用题

价值观是人生的向导。人生观的核心问题就是价值观问题，价值观影响一个人的理想、信念、生活目标，影响人们对人生目的、人生意义、人生道路等问题的思考和选择。价值观不同，人们在面对公与私、义与利、苦与乐、生与死等冲突时作出的选择也不同。传递精神之火、赓续红色基因，能够引导青年在崇尚英雄中树立正确的价值观，坚定理想信念，在学习英雄、争做英雄中为国家和民族发展贡献自己的力量。

第二框　人生价值贵在奉献

【知识盘点】

学点1　物质　精神　责任　贡献

学点2　必要条件　根本　基础　贡献　服从

学点3　奉献　本职岗位　劳动　奋进者　开拓者

学点4　创造者　享用者　奉献　获取　奉献　服务

【基础训练】

(一)判断题

1.×　2.×　3.√

(二)单项选择题

1.D　2.B　3.C

(三)分析运用题

(1)人生价值包括人生的自我价值和社会价值两个方面。自我价值是个体的活动对自己的生存和发展所具有的价值，主要表现为对自身物质和精神的满足程度。社会价值是个体的活动对社会、他人所具有的价值，主要表现为个人对社会的责任和贡献。

(2)"小青荷"们在亚运会志愿服务中得到了锻炼和成长，获得了各方好评与肯定，受到了广泛赞誉，实现了自我价值；"小青荷"们以自己的实际行动弘扬了"奉献、友爱、互助、进步"的志愿精神，当好文化传播者，向国际社会展现了中国城市的文明面貌和中国青年的良好风貌，产生了积极的社会影响。

第一单元　立足客观实际　树立人生理想

第 1 课　时代精神的精华

第一框　哲学的智慧

(一)单项选择题

1. "对于大自然的神秘无动于衷的人,是不可能真正领悟哲学的内涵的。"这句话反映了(　　)。

①哲学产生于认识和解释世界

②哲学是科学的世界观和方法论

③哲学与我们置身其中的自然密切相关

④哲学起源于人们在社会实践中对各种根本问题的追问和思考

A.①②　　　　　　　B.①④　　　　　　　C.②③　　　　　　　D.③④

2. 人总是按照自己对周围世界和人生的理解来做事做人。从哲学上看,这体现了(　　)。

A. 世界观决定方法论　　　　　　　　B. 世界观决定人的行为

C. 世界观和方法论相互影响　　　　　D. 哲学是关于世界观的学问

3. 艺术家在从事创作活动时,总会自觉或不自觉地受到特定哲学思想的影响,并通过自己的艺术作品表现或流露出来,形成具有哲理性的艺术作品,起到促进艺术潮流形成的作用。这表明(　　)。

①艺术创作离不开哲学智慧的启迪

②哲学是一种生产艺术的知识

③艺术作品可以传播特定的哲学思想

④艺术活动推动哲学的发展

A.①②　　　　　　　B.①③　　　　　　　C.②④　　　　　　　D.③④

(二)连线题

成语故事	连线区	哲学智慧
1. 纸上谈兵		A. 在一定条件下,一个事物会向它的对立面转化
2. 一枕黄粱		B. 认识世界和改造世界切记要按照规律办事
3. 乐极生悲		C. 量积累到一定程度就会发生质的变化
4. 揠苗助长		D. 短暂虚幻的美好与现实的落差
5. 水滴石穿		E. 只凭书本知识空发议论不能解决实际问题

（三）分析运用题

"苦中作乐"是中国人的一种幸福哲学。正是这种哲学，使中国人能够乐观地看待苦难，支撑着一代又一代中国人在逆境中奋起，在灾难中前行。

结合材料分析哲学的作用。

第二框　马克思主义哲学指引人生路

（一）单项选择题

1. 马克思主义哲学之所以是革命的，就在于（　　）。

A. 它正确揭示了世界的本质和运动规律　　B. 其全部理论都来自实践

C. 它是改变世界、指导人类解放的科学　　D. 它经过实践的反复检验

2. 钱学森在给一位朋友的信中写道："我近 30 年来，一直在学习马克思主义哲学，并总是试图用马克思主义哲学指导我的工作。马克思主义哲学是智慧的源泉！"这表明学好用好马克思主义哲学有助于我们（　　）。

①确定成长方向，并提供具体方法指导

②一帆风顺地走好人生的漫漫长路

③树立正确的世界观、人生观和价值观

④形成科学的思维方法，提高分析问题和解决问题的能力

A. ①②　　　　　　　　B. ①③　　　　　　　　C. ②④　　　　　　　　D. ③④

3. 习近平总书记强调，实现中华民族伟大复兴的中国梦，必须不断接受马克思主义哲学智慧的滋养，更加自觉地坚持和运用辩证唯物主义世界观和方法论，增强辩证思维、战略思维能力，努力提高解决我国改革发展基本问题的本领。这是因为马克思主义哲学（　　）。

①为中国革命和建设提供具体方法

②实现了实践基础上的科学性和革命性的统一

③坚持世界观和方法论的统一

④把握时代脉搏、反映时代要求

A. ①②　　　　　　　　B. ①③　　　　　　　　C. ②④　　　　　　　　D. ③④

(二)连线题

具体表现	连线区	体现马克思主义哲学的品质
1. 马克思主义哲学站在人民的立场探求人类解放的道路，以实现人的自由而全面的发展和全人类解放为历史使命		A. 科学性
2. 马克思主义理论不是教条，而是行动指南，始终站在时代前沿，随着实践的变化而发展		B. 人民性
3. 马克思主义哲学是一个科学的理论体系，正确地反映了世界的本质和规律		C. 实践性
4. 马克思主义具有突出的实践精神，它始终强调理论与实践的统一，始终坚持与社会主义实际运动紧密结合		D. 与时俱进

(三)分析运用题

"凡贵通者，贵其能用之也。"学习马克思主义哲学，不仅要学习马克思主义哲学的基本理论观点，更要学习马克思主义哲学的方法，而且要把这种方法内化为自己的基本素质，提高我们分析问题和解决问题的能力。

要想学好用好马克思主义哲学，需要做到哪些方面？

第2课　树立科学的世界观

第一框　世界的物质性

（一）单项选择题

1.《极简人类史》中写道："我们的星球已经存在了 45 亿年之久，生命的出现也有约 35 亿年。相比之下，人类的出现则是比较晚才发生的事情，不过是地球生命史上的眨眼瞬间。在地球上曾经出现过的生物中，人类是第一个能将知识代代相传的物种。"该材料说明（　　）。

①自然界与人类社会相互联系相互依赖

②人类具有区别于其他生物的主观意识活动

③人类社会是物质世界长期发展的产物

④劳动是整个人类生活的第一个基本条件

A.①②　　　　　　B.①④　　　　　　C.②③　　　　　　D.③④

2. 婴儿刚出生时基本上是本能反应的状态，随着大脑的完善、与社会的不断接触才逐步形成语言、思维等，并对接触到的家人、周围的人和物形成基本的认识。这反映出（　　）。

①意识不是天生的，而是社会的产物

②人类社会的发展有其自身的规律

③高度发达的人脑对人类意识的产生至关重要

④只要是人就一定会有意识

A.①③　　　　　　B.①④　　　　　　C.②③　　　　　　D.②④

3. 中国的绘画、诗词、音乐、舞蹈、雕塑、园林等艺术形式都讲究"意境"。意境既是艺术家个人情感的流露，也是人们在认识世界和改造世界中的真实体验。意境最充分地体现了（　　）。

A. 主观和客观的统一　　　　　　　　B. 社会和个人的统一

C. 整体与部分的统一　　　　　　　　D. 继承和创新的统一

（二）连线题

内　容	连线区	范　畴
1. 日月星辰		
2. 学习计划		A. 物质范畴
3. 生产力和生产关系		
4. 亭台楼阁		
5. 马克思主义		B. 意识范畴
6. 法律法规		

(三)分析运用题

一个人的意识，也就是思想、观念、价值观等，不是天生就有的，这些内容来源于哪里呢？答案就是社会实践。对于青少年来说，社会实践不仅是锻炼和成长的机会，更是培养社会参与意识和公民意识的重要途径。

从意识起源的角度，说一说社会实践对青年学生正确意识培育的重要性。

第二框　用科学世界观指导人生发展

(一)单项选择题

1. 人们往往只关注自己感兴趣的信息，忽视注意力之外的信息和事实。有人认为，事实因忽视而消失。从哲学基本形态上看，该观点属于（　　）。

A. 客观唯心主义　　　　　　　　　　B. 主观唯心主义

C. 辩证唯物主义　　　　　　　　　　D. 形而上学唯物主义

2. 在新农村建设中，一些基层干部不研究实际，不懂规划，胸无良策，拍脑袋决策，给工作带来重大损失。对于这种"拍脑袋决策"，以下说法正确的是（　　）。

①没考虑到错误意识会阻碍事物的发展

②否认物质决定意识的唯心主义观点

③承认物质决定意识的唯物主义观点

④否认人能够认识客观事物的错误观点

A.①②　　　　　　　B.①③　　　　　　　C.②④　　　　　　　D.③④

3. 通过手机上传一张正面照片，给出一些个人信息，短短数秒就能收到面相评分和命运报告，号称"准确率达95％""能看透你的一生"……以下对"AI算命"认识正确的是（　　）。

①本质上是一种唯心主义

②实现了唯物主义与辩证法的有机结合

③否认了人类社会的物质性

④体现了人们对客观规律的认识和利用

A.①③　　　　　　　B.①④　　　　　　　C.②③　　　　　　　D.②④

(二)连线题

观　点	连线区	范　畴
1. 画饼充饥		
2. 巧妇难为无米之炊		A. 唯物主义
3. 心外无物		
4. 形存则神存，形谢则神灭		
5. 天行有常，不为尧存，不为桀亡		B. 唯心主义
6. 不怕做不到，就怕想不到		

(三)分析运用题

为了不断增强人民群众对邪教罪恶本质的认识，进一步培植相信科学、学习法律的社会氛围，各地司法干警开展反邪教警示宣传活动，结合实际案例向群众宣讲国家打击邪教的相关法律法规，让群众意识到邪教给个人、家庭及社会带来的危害，积极引导人民群众自觉树立崇尚科学、反对邪教意识，切实做到"不听、不信、不传"。

结合上述材料，说一说为什么我们要坚持唯物主义。

第3课　追求人生理想

第一框　坚持客观规律性与主观能动性的辩证统一

(一)单项选择题

1. 荀子曰："天有常道矣，地有常数矣，君子有常体矣。"下列诗句中与此寓意相近的是（　　　）。

A. 会当凌绝顶，一览众山小。　　　　　　B. 蝉噪林逾静，鸟鸣山更幽。

C. 两句三年得，一吟双泪流。　　　　　　D. 草木本无意，荣枯自有时。

2. 青海省充分利用荒漠土地资源积极探索"光伏＋治沙"发展模式，推动清洁能源与防沙治沙融合发展，同时发展"牧光互促"生态畜牧业、科普教育、观光体验等旅游新业态。一排排光伏板错落有致、望不到边，光伏板下方牧草丛生、羊群穿梭，以前寸草不生的黄沙地，如今变成了光伏治沙奔富的典型样板。这些做法充分体现了（　　　）。

A. 发挥主观能动性就可以创造一切奇迹

B. 人能够充分利用规律能动地改造世界谋求发展

C. 人能够使世界完全按照人的任何意志而发生变化

D. 只要发挥主观能动性，就能促进客观事物的发展

3. 物联网向人们展示了这样一幅生活图景：在物体上植入各种微型感应芯片，使其智能化，然后借助无线网络，实现人与物体的"对话"、物体与物体的"交流"，使生活中的物品变得"有感觉、有思想"。这说明（　　）。

A. 人能通过科技使物体也具有主观能动性

B. 人能发挥主观能动性改变事物发展的规律

C. 人能发挥主观能动性进行创造性的活动

D. 科技的发展使人与物的界限日益模糊

(二)连线题

内　　容	连线区	范　　畴
1. 水往低处流		A. 规律
2. 种瓜得瓜，种豆得豆		
3. 生产力决定生产关系		
4. 遗传与变异		B. 规律的表现
5. 月亮绕着地球转，地球绕着太阳转		
6. 万有引力		

(三)分析运用题

港珠澳大桥创造了建设桥梁的奇迹，克服了诸多的施工技术难题，取得了多项技术施工专利。大桥连接了香港、珠海和澳门，为三地之间的交通和经济发展提供了便利。

刚投入使用的港珠澳大桥，通行的频次很低，很多声音质疑："花这么多钱建一座风景桥，岂不是浪费?"可如今，事情开始发生改变，港珠澳大桥车辆猛增，大大促进了粤港澳大湾区经济的发展。

结合材料说一说，港珠澳大桥的建设如何体现客观规律性与主观能动性的辩证关系原理。

第二框　努力把人生理想变为现实

(一)单项选择题

1."理想是丰满的，现实是骨感的。"这句话的合理性在于承认了(　　)。

①理想是比现实更美好的追求

②理想不可能在现实生活中实现

③理想与现实是有差距的

④理想可以远离现实，由人随心所欲地想象

A.①②　　　　　　B.①③　　　　　　C.②③　　　　　　D.②④

2.当我们发现自己的理想难以实现时，我们应该(　　)。

A. 根据实际情况适当调整自己的理想，以缩小与现实之间的距离

B. 放弃自己的理想

C. 无论如何都要坚持既定的理想，不作改变

D. 接受现实，把现实生活作为自己心中的理想

3. 关于个人理想与社会理想的关系，有人说："得其大者可以兼其小。"这句话反映了(　　)。

A. 在整个理想体系中，社会理想是最根本、最重要的，个人理想从属于社会理想

B. 社会理想和个人理想相互排斥

C. 个人理想与社会理想是辩证统一的，个人可以实现个人理想与社会理想的有机结合

D. 对自己未来生活的追求和向往，不能脱离社会现实

(二)连线题

内　容	连线区	理　想
1. 对做人的标准和道德境界的向往与追求		A. 个人理想
2. 将来能够推动自己所在行业的发展		
3. 对社会制度和社会面貌的预见与追求		
4. 想成为一名优秀的技师		B. 社会理想
5. 希望祖国繁荣富强、国泰民安		
6. 想考上一所心仪的大学		

(三)分析运用题

青年人为什么需要理想？有人说："青春就像一块铁，理想就是淬炼它的火。没有火，铁永远是块生铁。有了火，再加上你不断地锤炼，你就能把自己锻造成一块好钢。拥有理想，就是给自己的人生装上了引擎和方向盘，让你活得更有价值和意义！"

(1)要使自己的理想变为现实，你认为自己已经拥有哪些能力或具备哪些条件？还缺乏哪些能力或条件？

(2)人们可以拥有多个理想，但通向理想的道路只有一条，你认为那是什么？

(3)当个人理想与社会理想发生冲突时，应该怎么办？

第二单元　辩证看问题　走好人生路

第4课　用联系的观点看问题

第一框　世界是普遍联系的

（一）单项选择题

1. 2023年8月24日，日本在核污染水排海计划的正当性、合法性、安全性未得到国际社会一致认可的情况下，不顾国内外多方强烈反对，正式开始将福岛第一核电站的核污染水排放至太平洋，这将对人类的健康造成不可预测的危害。这一材料说明（　　）。

①任何两个事物之间都存在必然联系

②如果忽视海洋生态系统的客观规律，将受到自然界的惩罚

③联系具有多样性，不能忽视事物之间存在的偶然联系

④世界是普遍联系的，应树立维护人类福祉的观念

A. ①②　　　　　　B. ①③　　　　　　C. ②④　　　　　　D. ③④

2. 在线教育，让学习不再受时间和空间的限制；远程医疗，让居民看病预约全国名医不是梦；社交媒体，让亲朋好友保持紧密联系。以上这些说明（　　）。

①互联网建立了新的具体联系，改变了人们的生活

②离开了人类的实践活动，事物之间就不可能存在联系

③人们可以发挥主观能动性，建立有利于实践的具体联系

④互联网拥有神奇的力量，只会为人们带来好处

A. ①②　　　　　　B. ①③　　　　　　C. ②④　　　　　　D. ③④

3. 海洋中的塑料污染物会通过食物链进入人体，对人类的健康造成威胁。它们可能会导致人类消化道、肝脏、肾脏等器官的损伤，也可能会引起人体内分泌紊乱、免疫缺陷、癌症等疾病。这段材料蕴含的哲学道理是（　　）。

①事物是普遍联系的

②事物的联系是多种多样的

③人类在客观联系面前无能为力

④某些复杂具体事物的联系不一定依赖条件

A. ①②　　　　　　B. ①③　　　　　　C. ②④　　　　　　D. ③④

(二)连线题

联系的类别	连线区	具体表现
1. 本质联系与非本质联系		A. 师傅领进门，修行在个人
2. 直接联系与间接联系		B. 种瓜得瓜、种豆得豆，守株待兔
3. 内部联系与外部联系		C. 适当的运动不仅能够促进人们的身体健康，而且也能促进人们的心理健康
4. 必然联系与偶然联系		D. 水是生命之源，夏天适合穿浅色衣服

(三)分析运用题

2023年9月23日晚，第十九届亚洲运动会在浙江省杭州市隆重开幕。来自亚洲各国各地区的体育健儿相聚西子湖畔，携手奏响"同爱同在同分享"的激昂旋律，共同谱写和平、友谊、进步的崭新篇章。杭州亚运会的举办不仅提升了中国的国际地位，促进了中国体育事业的发展，展现了亚洲的体育水平，也促进了亚洲各国之间的交流与合作。同时，亚运会也为杭州的基础设施建设和经济发展提供了机会，对杭州及周边地区的发展产生积极的影响。此外，亚运会还推动了全民健身意识的提高。

运用联系的原理分析该材料，思考该材料中体现了联系的哪些特点。

第二框　在和谐共处中实现人生发展

(一)单项选择题

1. 港珠澳大桥的建成，使得香港、珠海、澳门之间的交流变得更加紧密。同时，在"一带一路"倡议背景下，港珠澳大桥的影响范围远大于三个城市，辐射范围以粤港澳三地为中心，辐射至珠三角、内陆地区乃至世界，产生了不可估量的作用和意义。桥连三地，实现"1+1+1＞3"的效果。从哲学上看，（　　）。

①港珠澳大桥产生的作用说明有人类实践参与的联系更具有意义

②整体功能总是大于各个部分的功能之和

③部分以合理结构形成整体时，整体就具有了全新的功能

④人们可以根据事物固有的联系，改变事物的状态，调整原有的联系，建立新的联系

A. ①②　　　　　　　B. ①④　　　　　　　C ②③　　　　　　　D. ③④

2. 漫画中栽树的人还没来，填土的人已经把土填好了。这幅漫画蕴含的哲理是（　　）。

A. 部分的功能决定整体的功能

B. 要立足整体，统筹全局，寻求最优目标

C. 系统优化法是认识事物的根本方法

D. 整体的功能总是大于各个部分的功能之和

3. 实现中华民族伟大复兴的梦想，是国家的梦、民族的梦，也是每一个中华儿女的梦。中国梦所体现的国家繁荣昌盛、民族复兴和人民幸福是整个中华民族的追求，也是亿万人民世代相传的夙愿，我们每个中国人都是中国梦的参与者和创造者。这说明(　　)。

各负其责——何止缺一个

各负其责

①整体和部分相互联系，密不可分

②实现中华民族伟大复兴的中国梦需要我们每一个中国人的努力奋斗

③整体与部分相互联系，部分的作用之和一定大于整体的作用

④关键部分决定整体发展

A.①②　　　　　　B.①③　　　　　　C.②④　　　　　　D.③④

(二)列举题

和谐的校园是知识的海洋、成长的摇篮、友谊的港湾，是我们大家共同的家园，需要每一位同学的用心营造和维护。

请你为倡导和谐校园书写2~3条标语。

标语1	
标语2	
标语3	

(三)分析运用题

在黑龙江省哈尔滨市，冰雪大世界里人潮涌动，冰雪旅游体验感氛围感十足；在广西壮族自治区梧州市，市民走进滑雪馆尽情玩耍，冰雪运动受到群众欢迎；在新疆维吾尔自治区昭苏县，一个个栩栩如生的冰雪雕作品吸引众多目光，冰雪乐园满是欢声笑语……近几年，不少地方冰雪消费升温，冰雪经济红火，冰天雪地中呈现出一派火热景象。

习近平总书记指出"冰天雪地也是金山银山"，强调"把发展冰雪经济作为新增长点，推动冰雪运动、冰雪文化、冰雪装备、冰雪旅游全产业链发展"。冰雪经济产业链长、关联度高，涉及体育、娱乐、文化、旅游、住宿、餐饮等多个行业。冰雪经济持续创新场景、丰富供给、提升品质，有助于拓展高质量发展新空间，更好地满足人民日益增长的美好生活需要。

结合材料，运用整体与部分的辩证关系原理，简要分析冰雪经济与冰雪运动、冰雪文化、冰雪装备、冰雪旅游、住宿餐饮等产业链之间的关系。

第5课　用发展的观点看问题

第一框　世界是永恒发展的

(一)单项选择题

1. 毛泽东在《关于正确处理人民内部矛盾的问题》中指出："为了判断正确的东西和错误的东西，常常需要有考验的时间。历史上新的正确的东西，在开始的时候常常得不到多数人承认，只能在斗争中曲折地发展。"这一论述表明(　　)。

①历史的发展是螺旋式上升、波浪式前进的过程

②判定一个事物是新旧事物的标准是形式的新旧

③新事物具有无可比拟的优越性

④发展是前进性与曲折性的统一，前途是光明的，道路是曲折的

A.①③　　　　　　　B.①④　　　　　　　C.②③　　　　　　　D.②④

2. 小林的语文成绩一直没能达到优秀，总在 80 分左右徘徊。为了激励自己，她设定了期末考试语文 95 分的目标。为此，小林付出了很多努力，她的期末考试语文成绩果然有了进步，取得了 89 分。但小林还是不高兴，她觉得努力不努力都没用，反正也达不到设定的目标。小林这个想法不恰当的原因在于其没有认识到(　　)。

A. 事物的发展总是从量变开始，量变达到一定程度必然引起质变

B. 新事物必然取代旧事物

C. 一切要从实际出发，不能从主观愿望出发

D. 人的意志不断推动社会发展、个人进步

3. 以下与"沉舟侧畔千帆过，病树前头万木春"这句诗所蕴含的哲理相同的诗句是(　　)。

A. 横看成岭侧成峰，远近高低各不同

B. 芳林新叶催陈叶，流水前波让后波

C. 春眠不觉晓，处处闻啼鸟

D. 大漠孤烟直，长河落日圆

(二)列举题

量变与质变是事物变化的两种基本状态或形式。量变是质变的必要准备，质变是量变的必然结果。

列举蕴含量变与质变辩证关系的成语、俗语、诗词等内容，并把它们写下来。

(三)分析运用题

从神舟一号到神舟二十号，神舟系列飞船伴随着中国载人航天工程的飞速发展，完成了多次迭代，安全性和可靠性不断提升。神舟飞船从无人到载人，从一人到多人，从舱内到舱外，中国载人航天事业的发展卓有成效，取得了巨大的成功。但发展的过程也伴随着各种各样的困难和问题，20世纪90年代初期，航天发射出现了多次失利，中国航天人痛定思痛，总结出了中国航天史上赫赫有名的质量问题归零"双五条"，成为确保航天质量的法宝。为什么中国载人航天能取得连战连捷的不败战绩？是航天人的"归零"原则与严实作风，高高托举起一次次成功。

结合材料，请从唯物辩证法发展观的角度思考我国载人航天的发展过程给我们带来的启示。

第二框　用发展的观点处理人生问题

(一)单项选择题

1. 在中国这样一个拥有14亿多人口的国家进行深化改革，绝非易事。习近平总书记反复强调"蹄疾步稳"，指出："改革是循序渐进的工作，既要敢于突破，又要一步一个脚印、稳扎稳打向前走，积小胜为大胜，不能违背规律一哄而上。要按照改革的路线图和时间表，扎实开展工作，确保实现改革的目标任务。"这一论述表明(　　)。

①质变比量变更能推动事物的发展

②量变是推动深化改革的决定因素

③改革的成功既需要量的积累，也需要质的飞跃

④在改革发展的过程中，我们要脚踏实地，注重量的积累

A.①②　　　　　　B.①③　　　　　　C.②④　　　　　　D.③④

2. "人生有风有雨是常态，风雨无阻是心态，风雨兼程是状态。"这句话启示我们要(　　)。

①正确对待逆境，逆境可以磨炼意志，催人向上

②人生发展有顺境也有逆境

③我们要埋头苦干，锲而不舍

④世界是普遍联系、永恒发展的

A.①②　　　　　　　B.①③　　　　　　　C.②④　　　　　　　D.③④

3. 右边这幅图给我们的启发是(　　)。

①一切从实际出发，不能好高骛远

②人生路上不可能一帆风顺，遇到挫折要勇敢面对

③精神的力量是强大的，要树立自信，相信前途是光明的

④规律是客观的，不以人的意志为转移

一次考不好没关系，能勇敢面对这个结果才是重要的事。

没关系

A.①②　　　　　　　B.①④

C.②③　　　　　　　D.③④

(二)列举题

2024 年 4 月 3 日，习近平总书记在参加首都义务植树活动时强调："今年是新中国植树节设立 45 周年。全国人民坚持植树造林，荒山披锦绣，沙漠变绿洲，成就举世瞩目。同时要看到，我国缺林少绿问题仍然突出，森林'宝库'作用发挥还不够充分。增绿就是增优势，植树就是植未来。要一茬接着一茬种，一代接着一代干，不断增厚我们的'绿色家底'"。

绿化祖国要人人尽责，众人拾柴火焰高，我们都应争当绿色使者。请大家列举可以从生活中哪些小事做起，为建设美丽中国增绿添彩。

绿色行动
1.
2.
3.

(三)分析运用题

世界上没有无缘无故的成功，要想有所收获就必须付出努力。短道速滑运动员武大靖这一路走来，虽有跌倒，但咬牙坚持；虽有失败，但不曾放弃。他从小就开始练习滑冰，立志为国争光。小时候，他居住的城市还没有室内冰场，上冰只能到寒风凛冽的户外。每天早上他都要去户外冰场训练两个小时，然后再去上学。北方的冬天，上冰 10 分钟脚就冻麻了，但他仍然咬着牙继续训练。因常年穿着冰刀鞋训练，他的脚部严重变形。经过日复一日、年复一年的刻苦训练，武大靖终于实现了自己的夺冠梦想，为祖国争得了荣誉。

运用唯物辩证法发展的观点，分析说明武大靖取得成功的原因。

第6课 用对立统一的观点看问题

第一框 对立统一规律是事物发展的根本规律

(一)单项选择题

1. 矛盾的同一性是指矛盾双方相互联系、相互依存的属性。以下体现同一性的是(   )。

①垃圾放对了位置就是资源

②一着不慎，满盘皆输

③朝三暮四

④失败乃成功之母

A.①②　　　　　B.①④　　　　　C.②④　　　　　D.③④

2. 中国特色社会主义法治理论，是中国特色社会主义理论体系的重要组成部分，是中国共产党人在坚持马克思主义指导，吸收中国传统法律文化治国理政的智慧，借鉴人类一切先进法律文化的优秀成果，立足中国法治实践、解决中国法治问题，探索中国法治道路、法治体系的过程中形成的。这表明(   )。

①法治建设没有共性，需要根据各国国情开展

②中国特色社会主义法治理论必须坚持以马克思主义为指导

③法治建设需要在普遍性的指导下，具体研究矛盾的特殊性

④中国传统法律文化和西方法律文化有很大的共同点

A.①②　　　　　B.①④　　　　　C.②③　　　　　D.③④

3. 你总是仰望别人的生活，一回头，却发现自己正被羡慕着。每个人都是独一无二的，你的生活别人不能复制，别人的生活也未必适合你。这一观点给我们的启示是(   )。

A. 用发展的观点看问题，有一天你也会拥有别人羡慕的生活

B. 矛盾的同一性与斗争性在一定条件下可以相互转化

C. 人生矛盾是推动人生发展的动力，我们要敢于承认矛盾

D. 具体分析矛盾的特殊性，才能找到适合自己的生活

(二)列举题

漫画中猎人和动物的对立统一使两者有生的希望，而一旦枪声打响，这种对立统一被打破，两者生的希望也就没有了。世界上的一切事物都包含着这种既对立又统一的两个方面，矛盾具有普遍性。

很多成语体现了对立统一的矛盾观点，列举这类成语。

枪响之后，没有赢家

平衡

(三)分析运用题

随着科技的飞速发展，手机行业经历了前所未有的变革。从最初只具备单一通话功能的传统手机到如今集通信、娱乐、办公、支付等多种功能于一体的智能手机，手机极大地丰富了人们的生活方式，同时也推动了芯片、系统、软件等相关产业链的快速发展。然而，在这一片繁荣景象的背后，手机市场也面临着激烈的竞争与挑战。一方面，消费者对于手机性能、摄像头质量、电池续航能力等要求越来越高，促使厂商不断投入研发，推出创新产品；另一方面，市场日趋饱和，同质化竞争加剧，使得不少手机厂商陷入价格战，利润空间被压缩，部分品牌甚至面临生存危机。

分析手机行业发展中蕴含的矛盾，并说明这些矛盾如何成为推动手机行业发展的动力和源泉。

第二框 正确认识和处理人生矛盾

(一)单项选择题

1. 清代书画家、文学家郑燮的诗句中写道："四十年来画竹枝，日间挥写夜间思。冗繁削尽留清瘦，画到生时是熟时。"诗句中所蕴含的哲理是( )。

①事物发展的道路是曲折的，但前途是光明的

②具体问题具体分析是解决问题的关键

③矛盾双方在一定条件下可以相互转化

④量变是质变的基础，做好量的积累才能促成质变

A.①② B.①④ C.②③ D.③④

2. 预制菜以其便捷、高效的特点给人们带来了极大的便利，但同时又有"缺乏营养""添加剂多"等诸多标签。所以在选择预制菜时，我们应该尽可能选择那些相对健康、营养均衡的品类。同时，我们也不能完全依赖预制菜，应尽量在家烹饪新鲜、健康的食物。对预制菜的态度说明( )。

①矛盾具有特殊性，要坚持具体问题具体分析

②矛盾的主次方面相互联系，要善于把握主流

③主要矛盾决定事物的性质，要善于抓住重点

④矛盾具有普遍性，是事物发展的源泉和动力

A.①② B.①④ C.②③ D.③④

3. 中职生李华热爱绘画并有天赋，梦想成为设计师。但他父母认为金融专业就业前景更好，坚决要求他报考财经院校。李华感到很迷茫。针对李华面临的矛盾，下列选项中正确运用矛盾分析法指导他作出选择的是( )。

①认识到理想与现实的冲突具有普遍性，应完全顺从父母安排以回避矛盾

②分析矛盾双方的主次地位，明确自己对绘画的热爱和天赋，同时理性评估金融专业的可行性

③坚持具体问题具体分析，结合自身特长、兴趣、行业发展趋势及家庭实际情况，寻求个性化解决方案

④强调矛盾的斗争性、不可调和，坚持与父母对抗到底，捍卫个人理想

A.①③　　　　　　　　B.②③　　　　　　　　C.②④　　　　　　　　D.③④

(二)连线题

请将下列经典语句和相对应的哲学原理进行连线。

经典语句	连线区	哲学原理
1. 百家争鸣，和而不同		A. 量变和质变的辩证关系
2. 安而不忘危，存而不忘亡，治而不忘乱		B. 矛盾普遍性和特殊性的辩证关系
3. 积土而为山，积水而为海		C. 主要矛盾原理
4. 为政之要，莫先于用人		D. 矛盾双方是对立统一的
5. 一花独放不是春，百花齐放春满园		E. 用联系的观点看问题
6. 宝剑锋从磨砺出，梅花香自苦寒来		F. 发展是前进性和曲折性的统一

(三)分析运用题

江梦南这位来自湖南郴州的一个小镇、在半岁时就双耳失聪的姑娘，创造了世人眼中的"奇迹"。她自幼通过读唇语学会了"听"和"说"，之后凭借优异的成绩成为近年来家乡小镇唯一考入重点大学，最终到清华攻读博士的学生。

父母给江梦南的建议是，听不见已是既定事实，与其怨天尤人，不如用自己最大的努力去克服。江梦南自己也表示，她从未因为听不见，就把自己放在一个弱者的位置上。她经常跟别人说，千万不要因为她听不见就降低对她的要求和标准。这样的自我要求，使她以优异的成绩进入清华大学生命科学学院攻读博士。

结合材料，运用内因和外因辩证关系原理，分析江梦南的成长经历。

第三单元　实践出真知　创新增才干

第 7 课　实践出真知

第一框　人的认识从何而来

(一)单项选择题

1. 躬行践履是中华民族的可贵品格。以下说法中能够体现实践重要性的有(　　)。

①为者常成，行者常至

②大鹏一日同风起，扶摇直上九万里

③空谈误国，实干兴邦

④计利当计天下利

A.①③　　　　　　B.①④　　　　　　C.②③　　　　　　D.②④

2. 关于认识，毛泽东指出："马克思主义的哲学认为十分重要的问题，不在于懂得了客观世界的规律性，因而能够解释世界，而在于拿了这种对于客观规律性的认识去能动地改造世界。"这启发我们(　　)。

A. 认识的目的全在于找到客观世界的规律

B. 亲身参与实践获得的知识才是可靠的知识，会在第二次飞跃中得到检验

C. 如果有了正确的认识却脱离实践，那么认识就失去了实际作用

D. 从感性认识上升到理性认识的第一次飞跃并不重要

3. 在"中国天眼"500 米口径球面射电望远镜的帮助下，中国科学家成功探测到纳赫兹引力波存在的关键性证据，这对于星系演化和超大质量黑洞研究等问题具有重要意义。由此可见，(　　)。

①新的科学发现可以检验认识是否正确

②太空太遥远，所以目前对它只能为了认识而认识

③实践为认识提供新工具，弥补人类认识器官的不足

④实践是认识发展的动力，推动认识的产生和发展

A.①②　　　　　　B.①④　　　　　　C.②③　　　　　　D.③④

(二)连线题

古今中外有许多关于实践和认识的名言。仔细阅读以下这些名言，感悟其中的哲理并连线。

名　言	连线区	哲　理
1. 实践，是个伟大的揭发者，它暴露一切欺人和自欺。——车尔尼雪夫斯基		A. 实践是认识的来源
2. 有知识的人不实践，等于一只蜜蜂不酿蜜。——萨迪		B. 实践是认识发展的动力
3. 实践决定理论，真正的理论也有着领导行动的功用。——邹韬奋		C. 实践是检验真理的唯一标准
4. 社会一旦有技术上的需要，这种需要就会比十所大学更能把科学推向前进。——恩格斯		D. 实践是认识的目的
5. 行动生困难，困难生疑问，疑问生假设，假设生试验，试验生断语，断语又生了行动，如此演进于无穷。——陶行知		E. 人们认识事物的过程，是一个从实践到认识，再从认识到实践的无限发展的过程
6. 才智是实验的女儿。——达·芬奇		F. 认识对实践有反作用

(三)分析运用题

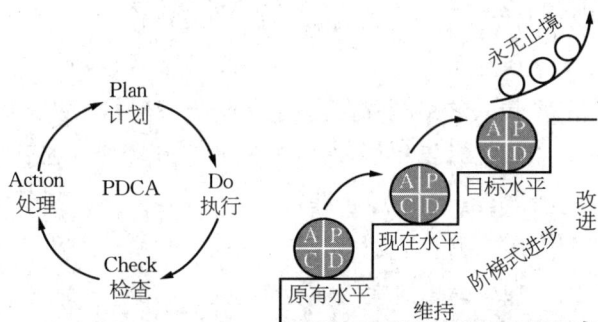

PDCA 循环法是一种经典的质量管理方法，常用于各行各业的管理中。它每运行一个循环，质量就能得到提升。一个循环包括四个阶段。

计划阶段(Plan)。在这一阶段，需要确定目标、制订计划和措施。该阶段通常涉及市场调查、用户访问等活动，以了解用户需求和确定质量政策、目标。

执行阶段(Do)。在这一阶段，实施计划和措施。该阶段可能包括产品设计、试制、试验以及人员培训等活动。

检查阶段(Check)。在这一阶段，将评估计划和措施的效果，检查是否达到了预期的结果。该阶段可能涉及检查产品性能、分析数据等。

处理阶段(Act)。在这一阶段，根据检查结果采取措施。该阶段可能包括巩固成绩、将成功的经验标准化，将遗留问题转入下一个 PDCA 循环。

结合材料，谈一谈 PDCA 循环及其各个阶段是如何体现实践和认识的关系的。

第二框 坚持实践第一的观点

(一)单项选择题

1. 马克思主义中国化,就是把马克思主义基本原理同中国具体实际相结合、同中华优秀传统文化相结合,深入研究和解决中国革命、建设、改革、新时代不同历史时期的实际问题,总结中国的独特经验,形成具有中国风格、中国气派的马克思主义。这段话启示我们( )。

A. 只要有了科学的理论,就能指导实践获得成功

B. 在实践中总结经验就能找到真理

C. 坚持真理就能获得成功

D. 要坚持理论联系实际,坚持一切从实际出发

2. 全国劳模赵奇峰长期扎根一线,针对原油伴生气中的硫化氢污染难题,他查阅大量资料,先后尝试了 33 次现场试验和 8 次工艺改造,历时 5 年,掌握了干法脱硫关键数据,成功改进脱硫剂配方,达到国际排放标准。他总结实践经验编写的《油水井分析入门与提高》一书填补了国内复杂油藏油水井分析专业指导书的空白。从中我们可以学到( )。

①只要广泛吸收书本知识就一定能找到解决方法

②要在认真学习的基础上行动起来,真正把自己所学落到实处

③只要不畏困难,反复实践,就一定能填补知识的不足

④我们要将感性的经验上升成为更具条理性、综合性的理论,用科学的理论指导具体实践

A.①② B.①③ C.②④ D.③④

3. 习近平总书记在参观"复兴之路"展览时引用了明末清初思想家顾炎武的名言"空谈误国,实干兴邦"。作为祖国未来的建设者,我们怎样才能避免"空谈误国"、做到"实干兴邦"?( )

①不能做坐而论道的清谈客,而要做起而行之的行动者

②广泛吸收书本知识,多读书、读好书、善读书

③应该重在实践行动,理论学习放在次要位置

④在认真学习的基础上行动起来,真正把自己所学落到实处

A.①③ B.①④ C.②③ D.②④

(二)连线题

我国古代有许多成语故事揭示了理论联系实际的重要性。用连线的方式指出这些故事中主人公犯的错误,并为之找到纠正的方法。

成 语	连线区	错 误	连线区	纠正的方法
1. 纸上谈兵		A. 经验主义错误		a. 深入调查研究,了解实际情况
2. 郑人买履				
3. 守株待兔		B. 教条主义错误		b. 学懂弄通理论,掌握思想真谛
4. 以书为御				

(三)分析运用题

黄山迎客松是我国最负盛名的古树之一，它似乎永远那么苍翠挺拔，甚至因为状态太好而被谣传为"假树"。它美丽的背后，有一个同样美丽的"守松人"——胡晓春。作为第 19 任守松人，每年超过 300 天住在山上，每天 7 点上岗巡查守护，他一干就是十多年；他记下累计超过 140 万字的《迎客松日记》，详细记录迎客松生长数据；为了更好地保护迎客松，不断给自己"充电"，他学习气象学、昆虫学、植物学等各种知识，什么时候要注意梢头长势，遇到大风天气该如何应对，大雨过后怎样确保土壤不流失，季节更迭需要加强哪些防护……他通过自学成了半个林业专家。2021 年，胡晓春获评敬业奉献类"中国好人"，成为平凡岗位上力行、担当的榜样。

结合材料，运用本课所学知识，谈一谈你在学习和生活中会怎样学习"中国好人"胡晓春，做到知行合一。

第 8 课　　在实践中提高认识能力

第一框　透过现象认识本质

(一)单项选择题

1. 以下认识不属于透过现象看本质的是(　　　)。

A. 商人根据市场上某种商品价格的波动思考该商品供求关系的变化

B. 科学家根据南极冰盖消失的状况推测海平面未来会上升的趋势

C. 航海家通过环球航行验证地球是圆的

D. 医生通过患者的血液检测报告了解患者的健康状况

2. 面对"社会主义能不能搞市场经济"这一问题，邓小平同志没有回避。他指出，计划和市场都是发展生产力的手段、方法，"它为社会主义服务，就是社会主义的；为资本主义服务，就是资本主义的……"。对市场经济本质的正确认识带来了社会生产力的飞跃发展。这说明(　　　)。

A. 事物的发展具有普遍性，要用发展的眼光看问题

B. 事物的矛盾具有特殊性，要具体问题具体分析

C. 实践出真知，要理论联系实际

D. 要学会透过现象认识本质，把握事物本质才能真正认识事物

3. 对于透过现象认识本质的方法和途径，以下理解正确的是(　　　)。

A."千淘万漉虽辛苦，吹尽狂沙始到金"启示我们，认识本质需要"去粗取精、去伪存真"

B."一叶知秋"告诉我们,只要能够发挥主观能动性,我们可以不需要掌握其他现象

C."兼听则明,偏信则暗"意思就是需要整合现象进行综合思考,做到"由表及里"

D. 天文学家的研究需要对大量天文现象进行观测,说明透过现象看本质需要"去伪存真"

(二)连线题

有许多古语、古诗体现了现象与本质的辩证关系,请你通过连线的方式判断以下古语、古诗体现了现象和本质辩证关系的哪个方面。

古语(古诗)	连线区	现象与本质辩证关系
1. 千举万变,其道一也		A. 现象与本质是相互区别的
2. 画虎画皮难画骨,知人知面不知心		
3. 大音希声,大象无形		B. 现象与本质是相互依存的
4. 疾风知劲草,板荡识诚臣		

(三)分析运用题

"识人",自古以来就是一门"大学问"。如何科学地对一个人的品行作出判断呢?《论语》中有:"视其所以,观其所由,察其所安。人焉廋哉?人焉廋哉?"意思是要了解一个人的本质,在看他的外表和言语之外,需要观察他的行为、动机和爱好。

运用"现象和本质的辩证关系"的相关知识,谈一谈以上语句中的科学之处。

第二框 明辨是非,追求真理

(一)单项选择题

1."饥饿营销""先降后涨",通过在直播间刷成交率吸引流量,造成供不应求的假象……对于这些"营销手段",下列说法正确的是( )。

①这些属于人为制造的假象,不能体现事物的本质

②因为认识受限,消费者根本无法辨别这些人为制造的假象

③这些属于人为制造的假象,也是事物本质的表现,不过是反面的、歪曲的

④对于这些现象,我们要学会理性分析,把握本质、明辨是非

A.①② B.①④ C.②③ D.③④

2. 当英、法、美统治集团对日本的侵略行径采取所谓"不干涉政策"、隔岸观火时，毛泽东通过对现象的分析，在马克思主义的指导下，识破法西斯的假象，牢牢抓住其侵略本质，指出爆发新的世界大战的必然性。1941年太平洋战争爆发，形势完全被毛泽东所言中。从中我们可以学到(　　)。

①真理是对客观事物及其发展规律的正确反映，能指引我们识别复杂的形势

②我们要学会理性分析、判断，识别真象和假象，把握本质

③要保护自身利益就会难以识破假象

④我们要识真伪、辨曲直，必须要依靠实践

A.①②　　　　　　　B.①③　　　　　　　C.②④　　　　　　　D.③④

3. 在获得诺贝尔奖之后，屠呦呦及其团队继续攻坚，提出了应对抗药性难题的切实可行治疗方案，解决了部分地区出现的抗药性问题。他们还发现，双氢青蒿素对治疗具有高变异性的红斑狼疮效果独特，给患者带来了新的希望。他们的研究过程启发我们(　　)。

①真理指引人类社会前行，照亮人生发展道路

②真理在一定情况下也会转化成谬误，所以一定要坚持追求真理

③只要实践不停止，就能不断推动真理的发展

④要在对真理的不懈追求中实现人生价值

A.①③　　　　　　　B.①④　　　　　　　C.②③　　　　　　　D.②④

(二)列举题

有许多表现"真象和假象都是事物本质的体现"的成语，如狐假虎威、李代桃僵等。请列举几个相似的成语。

(三)分析运用题

随着互联网的发展，我们已经进入了自媒体时代。这是一个凭借现代化、电子化手段使人人都成为记者、传播者的时代。一方面，其交互性、自主性的特征，让我们拥有了更多的现象可以用来把握本质，也可以听到更多人的不同分析观点；另一方面，网络资讯也真假混杂，真象和假象的数量都大大增加。某中职学校辩论社的同学围绕"自媒体时代我们离真理越来越近还是越来越远"展开了辩论。

正方的观点：自媒体时代我们离真理越来越近。

反方的观点：自媒体时代我们离真理越来越远。

1. 谈谈你支持哪方观点，并运用本课所学哲学知识加以阐述。

2. 面对"众声喧哗"的自媒体时代，如何去伪存真？谈谈你的做法。

第 9 课　创新增才干

第一框　创新是引领发展的第一动力

(一)单项选择题

1. 在农耕时代，古代中国凭借农业科技创新长期领先世界；18 世纪 60 年代，率先进行工业革命的英国成为世界上首个现代工业大国；美国和德国在第二次工业革命中快速完成电气化革命并后来居上……历史给我们的启示是(　　)。

A. 创新是人类特有的认识能力和实践能力

B. 中华文明对世界文明作出了巨大贡献，产生了深远影响

C. 谁走好了科技创新这步"先手棋"，谁就能拥有引领发展的主动权

D. 以前没赶上科技和产业革命，以后就很难再赶上了

2. 数字技术催生新产业、新业态、新模式，数字产业化蓬勃发展。云计算、大数据、5G、人工智能、区块链、元宇宙等新兴数字产业从无到有，逐渐发展壮大形成数字产业集群，中国数字科技惊艳世界。要让中国科技持续惊艳世界，需要(　　)。

①坚持创新在我国现代化建设全局中的核心地位

②扩大对外开放，引进尖端科技

③不断推广我们的自主创新技术

④广大青年积极投身科技创新的伟大实践

A.①②　　　　　　　B.①④　　　　　　　C.②③　　　　　　　D.③④

3. 芯片制造被西方国家视为钳制中国制造业的重要手段，不惜动用长臂管辖，在全产业链中对中国高科技企业展开全面封杀。在逆境之中，中国光刻机实现惊人突破，当前虽然与国际最尖端技术仍有差距，但足以打乱西方技术垄断的阵脚。该材料体现了(　　)。

①我们的创新能力已在国际竞争中具有绝对优势

②我们已经没有经济发展的"阿喀琉斯之踵"了

③创新是我国赢得未来的必然要求

④我国正在通过创新解决"卡脖子"的技术问题

A.①②　　　　　　　B.①③　　　　　　　C.②④　　　　　　　D.③④

(二)连线题

为了解创新对我国经济社会发展的重大作用，中职学生小明上网查阅了一些我国的创新成就并记录了下来，但他只是查找，并没有进行分析和归类。马上就要进行小组讨论了，请你帮他进行连线归类。

创新内容	连线区	创新类别
A. 邓小平理论		a. 理论创新
B. "一带一路"文学联盟		b. 制度创新
C. 新能源汽车技术		
D. 载人航天技术		c. 科技创新
E. 职业教育普职融通		
F.《经典咏流传》节目		d. 文化创新

(三)分析运用题

神舟飞天、嫦娥探月，创新缔造中国高度；蛟龙入水、海上钻探，创新成就中国深度；高铁飞驰、天河运转，创新改写中国速度……一系列闪耀世界的自主创新成果，推动着中国制造向中国创造、中国速度向中国质量、中国产品向中国品牌转变，书写了科技创新的"中国奇迹"。

结合本课所学，谈谈我国为什么能书写科技创新的"中国奇迹"。

第二框　积极投身创新实践

(一)单项选择题

1. 2004 年邓小平同志诞辰 100 周年之际，经党中央批准，按照小平同志遗愿，以其生前全部稿费设立中国青少年科技创新奖励基金，并开展"中国青少年科技创新奖"评选，旨在激发青少年的创新精神和科创报国志向。以下对青少年创新理解不正确的是(　　)。

A. 青少年学生风华正茂、思维敏捷，蕴藏巨大的创造能力和活力

B. 新时代为广大青少年创新提供了广阔的舞台

C. 创新属于那些天赋异禀的青少年

D. 创新奖激励青少年把个人创新实践与国家战略需求导向结合起来

2. 战国时期的军事家孙膑善于"兵行奇招"。相传他与庞涓在学习兵法时，老师鬼谷子曾给他们一人一把斧头，要求他们上山砍柴并做到"百担有余"。于是庞涓早早上山砍柴，到天黑仅砍柴二十余担。孙膑自知体力差，且在规定时间内不可能完成任务，于是他另辟蹊径，先砍一根柏树树枝作为扁担，又砍了两捆榆树枝条，将这"柏(百)担有榆(余)"交给老师。这个故事给我们的创新启示包括(　　)。

①要增强问题意识，以问题为导向推动创新发展

②敢于突破常规，打破思想禁锢，突破传统观念

③要夯实创新的知识基础，投身创新实践

④磨炼意志和品格，保持强健的体魄

A.①②   B.①④   C.②③   D.③④

3. 近年来，许多中职学生活跃在创新领域。在校中职学生怎样成为"创客"？（ ）

①学好基础理论知识和专业知识，为创新奠定基础

②找到一个最前沿的高科技领域进行创新

③敢于突破一切常规，质疑一切真理

④以时不我待、只争朝夕的紧迫感，积极投身创新实践中

A.①②   B.①④   C.②③   D.③④

（二）连线题

各项创新的背后都有哲学依据。请将相应的马克思主义哲学主要部分、依据和创新要求用线连接起来。

哲学依据	连线区	创新要求	连线区	创新的做法
1. 物质决定意识，意识对物质有反作用		A. 从实际出发，积极发挥人的主观能动性的最高表现形式——创新		a. 为设计出更好的户外产品，某高职创新团队成员不断参与户外活动寻找灵感，最终设计出了太阳能充电环保背包并收获了较好的市场反响
2. 实践与认识的辩证运动，是一个循环往复、不断升华的上升过程		B. 创新要敢于打破思想禁锢，突破传统观念，不断发现新问题、提出新方法、找到新途径		b. 某中职学校设计专业学生结合家乡特色景点和市场实际需求设计文创产品
3. 事物是发展变化的，发展的实质是新事物的产生、旧事物的消亡，要用发展的观点看问题		C. 我们要坚持与时俱进，投身创新实践。在实践中有所发现、有所发明		c. 针对垃圾分类细则复杂这一问题，某高职学生创新团队跳出传统的"宣传以加强记忆"的手段，借助 AI 智能识别技术设计了一款新型垃圾桶，可以通过摄像头对垃圾进行识别和分类，解决了垃圾分类落实中的一大痛点

（三）分析运用题

某职业学校的教师陈小东将岭南非遗标志醒狮与广式油酥点心结合起来制作的"岭南醒狮酥"火爆全网，赋予了传统面点新的生命力。"岭南醒狮酥"的成功，离不开他苦练一技之长，成就扎实的基本功和对烹饪的热爱，使他真正做到"知其然，知其所以然"。陈小东说："如何做到创新但不忘本，用新颖有趣的方式把我们国家固有的好东西展现出来，吸引更多年轻人的关注、了解、传播与传承，是我想干的事情。"

结合上述材料，运用哲学观点，谈谈中职学生如何树立创新意识、增强创新本领。

第四单元　坚持唯物史观　在奉献中实现人生价值

第 10 课　人类社会及其发展规律

第一框　人类社会的存在与发展

(一)单项选择题

1. 学生在校园农场给农作物浇水，在葡萄种植园里帮助果农收摘葡萄，在食堂里擀面、包饺子，在教学楼里清洁楼道……各校开展形式多样的劳动教育。教育部已将劳动课列入中小学独立课程，清洁与卫生、整理与收纳、烹饪与健康、农业生产劳作等任务贯穿其中。加强劳动教育的依据是(　　)。

①只要加强劳动教育就能提升中小学生的素养

②物质生产活动是人类社会存在和发展的基础

③实施劳动课能保证学生全面掌握劳动技能

④劳动是推动人类社会进步的根本力量

A.①②　　　　　　B.①③　　　　　　C.②④　　　　　　D.③④

2.《中华人民共和国爱国主义教育法》于 2024 年 1 月 1 日起正式实施。制定爱国主义教育法，以法治方式推动和保障新时代爱国主义教育，对于振奋民族精神、凝聚人民力量，推进强国建设、民族复兴，具有十分重大而深远的意义。由此可见，(　　)。

①社会意识对社会发展起积极的推动作用

②社会意识具有相对独立性，总先于社会存在而变化发展

③社会存在的变化和发展，决定着社会意识的变化和发展

④先进的社会意识能够凝聚力量、促进发展

A.①②　　　　　　B.①④　　　　　　C.②③　　　　　　D.③④

3. 某湖区曾长期面临三个难题：一是"树鸟争湖"，大面积单一种植欧美黑杨侵夺水鸟等野生动物栖息地；二是"人珠争水"，珍珠养殖严重污染人居环境；三是"渔粮争地"，鱼鳖等水产养殖影响粮食生产。近年来，该地积极贯彻新发展理念，采取多种措施有效解决"三争"问题，实现了生态保护与经济发展协调统一。这表明(　　)。

①社会意识的变化发展，根源于生产生活的变化发展

②不与社会存在同步变化发展的社会意识是落后的社会意识

③社会意识能够转化为改变社会存在的物质力量

④社会意识能否推动社会发展取决于其是否反映社会存在

A.①②　　　　　　B.①③　　　　　　C.②④　　　　　　D.③④

(二)连线题

在下表中将社会生活中的表现与社会生活领域的两个构成部分(社会存在、社会意识)用线连接起来。

社会生活中的表现	连线区	社会生活领域的两个构成部分
1. 习近平新时代中国特色社会主义思想		
2. 长江三角洲		
3. 公有制为主体、多种所有制经济共同发展		A. 社会存在
4. 机器、厂房、设备		
5.《长征》《平凡的世界》等文学作品		B. 社会意识
6. 社会主义核心价值观		

(三)分析运用题

《中华人民共和国民法典》自 2021 年 1 月 1 日起施行。这是一部具有鲜明中国特色、实践特色、时代特色的民法典。民法典立足社会发展热点难点、聚焦百姓身边"堵点""痛点",回应人民群众所急所需所盼,把对人身权、人格权的保护放在更加突出的位置,有利于满足新时代人民群众日益增长的美好生活需要。民法典符合我国国情和实际、充分体现时代特点,必将助推"中国之治"跃上更高境界,在新时代中国特色社会主义事业奋斗征程上树起又一座法治丰碑。

运用社会存在与社会意识的辩证关系原理,说明《中华人民共和国民法典》颁布的必要性。

第二框　社会基本矛盾及其运动规律

(一)单项选择题

1. 人类社会发展的一般过程是从原始社会向奴隶社会、封建社会、资本主义社会、社会主义社会和共产主义社会演进和发展。关于人类社会的发展过程,以下说法正确的是(　　)。

①社会形态更替过程中"变"的是生产力水平和生产关系特点

②社会形态更替过程中"不变"的是生产力决定生产关系

③任何国家或地区的历史发展进程都是按一般过程更替

④有什么样的生产关系就有什么样的生产力与之相适应

A.①②　　　　　　B.①③　　　　　　C.②④　　　　　　D.③④

2. 为了更好地推动我国数字经济的发展,2023 年 10 月 25 日,国家数据局挂牌成立。这有力地促进数据要素技术创新、开发利用和有效治理,以数据强国支撑数字中国的建设。这表明(　　)。

①上层建筑的调整促进社会生产力的发展

②社会基本矛盾是社会发展的根本动力

③生产关系一定要适合生产力发展的状况

④上层建筑一定要适合经济基础的状况

A.①③　　　　　　　B.①④　　　　　　　C.②③　　　　　　　D.②④

3.《宋史·徐禧传》有云："天下之治，有因有革，期于趋时适治而已。"面对新时代新征程提出的新任务，2023年，党和国家机构改革的新方案全面落实。通过进一步精简机构、优化职能，加强政府的治理体系和治理能力，为中国未来的发展提供了更加有力的制度保障。这说明（　　　）。

①社会存在决定社会意识，新问题、新任务决定新的改革方案的落实

②生产关系反作用于生产力，通过变革生产关系推动生产力的发展

③改革能够解决社会的基本矛盾，是推动社会发展的直接动力

④上层建筑对经济基础具有反作用，新方案将为发展提供制度保障

A.①②　　　　　　　B.①④　　　　　　　C.②③　　　　　　　D.③④

(二)列举题

请至少列举出3种上层建筑在生活中的表现形式。

(三)分析运用题

某校组织"新时代·新征程"主题学习交流活动。下面是同学们探究"中国式现代化"相关内容所做的笔记。

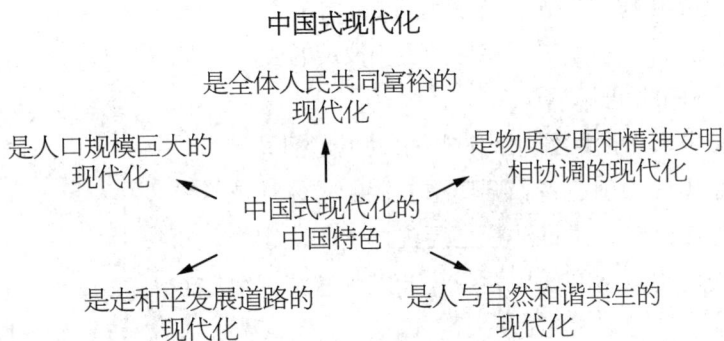

中国式现代化

是全体人民共同富裕的现代化

是人口规模巨大的现代化

是物质文明和精神文明相协调的现代化

中国式现代化的中国特色

是走和平发展道路的现代化

是人与自然和谐共生的现代化

从经济基础和上层建筑辩证关系的角度，谈谈你对"中国式现代化是物质文明和精神文明相协调的现代化"的理解。

第 11 课 社会历史的主体

第一框 人民创造历史

（一）单项选择题

1. 习近平主席在 2024 年新年贺词中强调："辛勤劳作的农民，埋头苦干的工人，敢闯敢拼的创业者，保家卫国的子弟兵，各行各业的人们都在挥洒汗水，每一个平凡的人都作出了不平凡的贡献！人民永远是我们战胜一切困难挑战的最大依靠。"习近平主席这番话表达了（   ）。

①人民群众是社会历史的主体和创造者

②人民是决定党和国家前途命运的根本力量

③人民的奋斗能保障我国社会发展一帆风顺

④人民的智慧能解决我国社会建设的一切难题

A.①②　　　　　　B.①④　　　　　　C.②③　　　　　　D.③④

2. 大型文化季播节目《非遗里的中国》向我们展示了近千名非遗传承人，百余项各地各级非遗代表性项目，集中呈现了中华优秀传统文化的深厚底蕴与无穷魅力，展现了广大人民扎根于生活的创造力和非遗在新时代的崭新活力。这表明（   ）。

①节目的播出丰富了非遗文化的内涵，尽展非遗魅力

②人民群众是社会物质财富和精神财富的创造者

③人民群众的生产生活实践是艺术文化创作的源头活水

④非遗传承人决定了社会精神财富的创造和传承

A.①②　　　　　　B.①③　　　　　　C.②④　　　　　　D.③④

3. 每个人既是历史的"剧中人"，又是历史的"剧作者"。广大人民群众不断用自己的智慧和汗水演绎精彩的历史剧作。杰出人物只有顺应历史发展的要求和人民群众的意愿，才能起到推动社会前进的积极作用。由此可知，（   ）。

①人们在历史发展中所起作用的性质和大小是相同的

②人民群众是历史的创造者，要尊重人民的主体地位

③杰出人物顺应时势，是推动社会历史发展的决定力量

④杰出人物对历史发展的作用要受社会发展客观规律的制约

A.①③　　　　　　B.①④　　　　　　C.②③　　　　　　D.②④

（二）列举题

劳动模范是劳动群众的杰出代表，是最美的劳动者。他们扎根生产和研发一线，有干劲、闯劲、钻劲，在平凡的岗位上创造出不平凡的业绩。请列举 2～3 名新时代涌现出的全国劳动模范，简要介绍他们的事迹。

姓　名	事　迹

(三)分析运用题

为亿万人解决温饱的"杂交水稻之父"袁隆平院士用自己的一生，完美地诠释了家国情怀与科学精神。人口多，耕地少，消除饥饿这一仗怎么打？国际社会提出疑问——"谁来养活中国？"袁隆平领衔的科研团队接连攻破水稻超高产育种难题，一串串饱满的稻穗，就是中国回应粮食安全质疑最完满的答卷。

有人认为，"消除饥饿，解决温饱，只能靠科学家"。结合材料，运用本课所学知识对此观点加以评析。

第二框　自觉站在最广大人民的立场上

(一)单项选择题

1. 从家庭联产承包责任制的探索到创办乡镇企业，从推进集体林权制度改革到打赢脱贫攻坚战……改革开放中许许多多的东西，没有现成的经验可循，唯一可行的办法就是在党的领导下鼓励、支持人民群众"大胆试""大胆闯"。在改革开放中，党必须（　　）。

①顺应群众的期盼，把实事好事办到群众的心坎上

②坚持人民的主体地位，尊重人民群众的首创精神

③满足所有群众的愿望，把群众需求作为工作的标准

④坚持群众路线，依靠人民的力量创造历史伟业

A.①②　　　　　　B.①③　　　　　　C.②④　　　　　　D.③④

2. 广大党员干部深入基层、深入一线，以人民为中心，积极回应群众关切，切实解决群众最关心最直接最现实的利益问题，把人民利益摆在至高无上的位置。以下能体现以人民为中心的发展思想的句子是（　　）。

①从来经国者，宁不念樵渔。——《送樊侍御之金陵》

②苟利于民，不必法古；苟周于事，不必循旧。——《淮南子·汜论训》

③些小吾曹州县吏，一枝一叶总关情。——《潍县署中画竹呈年伯包大中丞括》

④苟利国家生死以，岂因祸福避趋之。——《赴戍登程口占示家人·其二》

A.①③   B.①④   C.②③   D.②④

3. 习近平总书记指出："中国梦是历史的、现实的，也是未来的；是我们这一代的，更是青年一代的。中华民族伟大复兴的中国梦终将在一代代青年的接力奋斗中变为现实。"为此，新时代青年要（   ）。

①肩负历史使命，坚定前进信心

②努力成为民族复兴重任的领导者

③自觉投身服务人民的伟大实践

④自觉把人民的大我融入小我之中

A.①②   B.①③   C.②④   D.③④

(二)列举题

坚持人民至上，是党百年奋斗的一条基本经验。人民至上就是坚持以人民为中心，依靠人民开创历史伟业，带领人民创造美好生活。列举2~3个改革开放后，中国共产党坚持做到人民至上的典型实例，写在下面的表格中。

实例 1	
实例 2	
实例 3	

(三)分析运用题

百余年来，一代代中国青年把青春奋斗融入党和人民的事业，为人民战斗、为祖国献身、为幸福生活奋斗。以青春之我、奋斗之我，为强国建设添砖加瓦、为民族复兴铺路架桥。让壮美的青春之火熊熊燃烧在服务人民的热土上，让壮丽的青春之歌深情唱响在奉献祖国的征途中。

结合目前的专业学习和实践，说说新时代青年应如何服务人民、奉献祖国。

第 12 课　实现人生价值

第一框　树立正确的价值观

(一)单项选择题

1. 新时代新征程，要把培育和弘扬社会主义核心价值观作为凝魂聚气、强基固本的基础工程，使社会主义核心价值观成为人们日常工作生活的基本遵循。这是因为(　　)。

①价值观影响一个人的理想、信念、生活目标等

②价值观作为对事物价值的总的看法，决定着事物的性质和价值

③社会主义核心价值观作为一种精神追求，决定人类社会的前途和命运

④对一个民族和国家来说，最持久、最深层的精神力量是全社会认同的核心价值观

A.①②　　　　　　B.①④　　　　　　C.②③　　　　　　D.③④

2. 2025 年 1 月 15 日，2024 年第四季度"中国好人榜"发布，共有 153 人(组)因助人为乐、见义勇为、诚实守信、敬业奉献、孝老爱亲光荣上榜。发挥"中国好人"的示范和激励作用，有利于(　　)。

①传播真善美，使正确的价值观决定人的行为选择

②推动全社会形成崇德向善的良好氛围

③坚持正确导向，培育和践行社会主义核心价值观

④丰富社会主义核心价值观的基本内容

A.①②　　　　　　B.①④　　　　　　C.②③　　　　　　D.③④

3. 青年人唯有担当实干，才能托举青春梦想，无愧于时代。青年律师小刘援藏 3 年，办理法律援助案件 300 余件，提供法律咨询 2000 余次，代写法律文书 1000 余份；女大学生小王立足基层，做到"书卷气和泥土味并存，把地种出科技范儿，带领村民们增收致富"。上述材料表明(　　)。

①新时代青年只有在职业岗位上才能践行社会主义核心价值观

②新时代青年只有在基层才能践行社会主义核心价值观

③新时代青年要坚定理想信念，践行社会主义核心价值观

④新时代青年要身体力行，在奉献社会的进程中书写时代华章

A.①②　　　　　　B.①③　　　　　　C.②④　　　　　　D.③④

(二)列举题

社会主义核心价值观充分体现了对中华优秀传统文化的传承和升华，中华优秀传统文化所反映的民族精神、文化理念和价值追求在当今仍有借鉴价值意义。列举 2～3 条能体现"爱国、敬业、诚信、友善"价值观的古语、古诗句等，写在下面的横线上。

_____

_____

_____

（三）分析运用题

某中职学校开展了"社会主义核心价值观宣传周"教育活动。活动内容包括"求真知·明明德""践小行·显大爱""学榜样·共向上""扬正气·传能量"等，通过理论宣讲、学习交流、文化熏陶、实践养成、示范引领、网络引导等举措进一步强化认同，凝聚共识，增强全校师生践行社会主义核心价值观的自觉性、坚定性。

结合上述材料以及专业学习和生活实际，说说新时代青年应如何广泛践行社会主义核心价值观。

第二框　人生价值贵在奉献

（一）单项选择题

1."七一勋章"获得者吴天一，带着心脏起搏器及多处伤病，在高海拔的青藏高原带领团队推进关于高原医学的国家级科研项目。他表示，哪个地方海拔高，哪个地方比较偏远，他就到哪去，因为在这些地方取得的资料最具有科学价值。由此可见，（　　）。

①人的价值主要在于对社会的贡献

②人的价值是社会价值和自我价值的统一

③人生的真正意义在于获得社会的认可

④价值观对人们改造世界发挥着促进作用

A.①②　　　　　　B.①④　　　　　　C.②③　　　　　　D.③④

2. 2024 年，中国体育健儿持续发扬奥林匹克精神与中华体育精神，刻苦训练、顽强拼搏、永不言弃，将祖国放在心中，将责任扛在肩上，展现了新时代中国青年阳光、健康、自信的形象。这一年，我们的世界冠军、奥运冠军走进校园、公园、社区，以榜样力量传递体育精神，积极推动竞技体育成果全民共享。这说明（　　）。

①实现人生价值需要一定高度的社会平台

②要把投身国家和人民事业作为人生的最高价值追求

③人的价值在于传递体育精神，推动体育事业的发展

④要在不懈奋斗和奉献中创造人生价值

A.①②　　　　　　B.①③　　　　　　C.②④　　　　　　D.③④

3."刮腻子"刮出世界冠军；大山里走出新"鲁班"；从小跟妈妈在制衣厂，长大获得世界时装比赛冠军……近年来，一群技能"小匠"接连凭实力"出圈"。他们多是"00 后"，在毫米之间较量，在梦想面前"吃下苦""沉住气"，在日复一日的"奔跑"中以非凡技艺攀登世界技能高峰。这给我们的启示有（　　）。

①正确的人生观、价值观对人生有着重要的导向作用

②技能"小将"的人生价值远大于其他青年

③新时代青年要勇做走在时代前列的奋进者、开拓者、奉献者

④只要"吃下苦""沉住气"，就能实现人生价值

A.①②   B.①③   C.②④   D.③④

(二)列举题

各行各业都有一些优秀的代表人物，他们在为社会作出贡献的同时也实现了自己的人生价值。把你知道的这类人物及其实现人生价值的事迹填写在下面的表格里。

人 物	事 迹

(三)分析运用题

某中职学校毕业生小吴，他热爱公益、乐于奉献，高中时就加入当地志愿者协会，参与交通疏导、卫生清理、安全巡逻等各种志愿活动。后来他又加入当地救援队，多次参与各种救援抢险任务，受到人们的赞扬。大学毕业后，他创立了影视文化传媒公司，依托公司属性及自身优势，作为志愿服务的宣传人，带动身边人参与公益，服务家乡城市建设和乡村振兴，在当地产生了积极的社会影响。小吴表示，虽然志愿服务工作繁忙、繁杂，但是他乐在其中，这是他的人生价值和意义所在。2023年5月，小吴被共青团中央授予全国"两红两优""全国优秀共青团员"称号。

结合青年小吴的事迹，运用本课所学知识，说说新时代青年应如何实现人生价值，为实现中国梦贡献力量。

参考答案

第一单元　立足客观实际　树立人生理想

第 1 课　时代精神的精华

第一框　哲学的智慧

（一）单项选择题

1．D　2．A　3．B

（二）连线题

1－E，2－D，3－A，4－B，5－C

（三）分析运用题

哲学是世界观与方法论的统一。世界观决定方法论，有什么样的世界观，就有什么样的方法论。哲学能为人们生活提供世界观与方法论的指导，它可以指导人们认识世界和改造世界。

中国人"苦中作乐"的积极乐观向上的世界观，在逆境和灾难中会产生相应的奋起前行的方法论，指导人们克服困难、取得胜利。这体现了哲学对生活的指导作用。

第二框　马克思主义哲学指引人生路

（一）单项选择题

1．C　2．D　3．C

（二）连线题

1－B，2－D，3－A，4－C

（三）分析运用题

1．勤下功夫，真学。哲学素养不是天生的，而是通过后天学习获得的。既要认真研读马克思主义经典哲学著作，还要勤于实践获取真知。

2．融会贯通，真懂。学习马克思主义哲学，要准确、全面、深入，不能浮于表面、流于形式。

3．坚定理想，真信。相信马克思主义哲学的科学性，坚定对它的信念和信心。

4．联系实际，真用。学习马克思主义哲学，要理论联系实际，自觉运用它指导人生发展，努力成为优秀的社会主义建设者和接班人。

第 2 课　树立科学的世界观

第一框　世界的物质性

（一）单项选择题

1．C　2．A　3．A

（二）连线题

1、3、4－A，2、5、6－B

（三）分析运用题

从意识起源来看，意识不仅是自然界长期发展的产物，还是社会历史发展的产物。社会

　　学生社会実践是指学生在学校课堂之外，参与社会活动并获取实践经验的过程。它不仅是一种补充教育手段，还具有重要的意义和价值。社会实践能够给学生提供与真实社会接触的机会，拓宽视野，在增强社会责任感、公民意识等正确意识的培育方面起着重要的作用。

第二框　用科学世界观指导人生发展

（一）单项选择题

1. B　2. A　3. A

（二）连线题

2、4、5—A，1、3、6—B

（三）分析运用题

唯物主义坚持物质决定意识，强调物质第一性，为我们提供了科学的认知工具和方法指导。唯物主义主张通过客观事实判断事物，这能帮助人们识别邪教的精神控制和反科学言论，指导人们以实事求是的态度分析问题，有助于识别邪教欺骗群众、损害人们利益的唯心主义本质，自觉抵制邪教，营造文明健康、崇尚科学的社会风尚。

第3课　追求人生理想

第一框　坚持客观规律性与主观能动性的辩证统一

（一）单项选择题

1. D　2. B　3. C

（二）连线题

3、4、6—A，1、2、5—B

（三）分析运用题

1. 辩证唯物主义认为物质运动具有客观规律性，人可以正确发挥主观能动性。在认识和改造世界的过程中，坚持一切从实际出发，实事求是。要做到尊重客观规律与正确发挥主观能动性相统一，积极主动地创造美好生活。

2. 港珠澳大桥规划和建设，是国家立足本国实际，遵循社会经济发展规律，高瞻远瞩，作出的重大决策。港珠澳大桥的成功实践证明，坚持客观规律性和主观能动性相统一，才能未雨绸缪，促进香港、澳门的长期繁荣稳定和珠江三角洲城市群的发展，积极推进社会主义现代化建设。

第二框　努力把人生理想变为现实

（一）单项选择题

1. B　2. A　3. C

（二）连线题

1、4、6—A，2、3、5—B

（三）分析运用题

（1）略。（根据自身情况作出回答即可）

（2）人们可以拥有多个理想，但通向理想的道路只有一条，那就是脚踏实地去实践。只有把理想寓于具体的行动中，从小事做起，从身边的事做起，才能一步一个脚印地实现人生理想。如果空谈理想、眼高手低、浅尝辄止，最终只能一事无成。青少年时期是人生最好的学习阶段，我们要勤奋学习、刻苦钻研，掌握过硬本领，为实现人生理想打下坚实的基础。

(3)"得其大者可以兼其小"，只有自觉地把个人理想融入社会理想，把小我融入大我，把人生追求与社会进步相结合，才能更好地实现人生理想。广大青年应当在社会理想的指引下，奋发有为，勇于追求个人理想，更要在实现个人理想的过程中，为实现社会理想贡献力量。

第二单元　辩证看问题　走好人生路

第4课　用联系的观点看问题

第一框　世界是普遍联系的

(一)单项选择题

1. C　2. B　3. A

(二)连线题

1—D，2—C，3—A，4—B

(三)分析运用题

(1)联系具有普遍性。材料中提到的中国国际地位的提升、中国体育事业的发展、亚洲各国交流与合作的加强、杭州及周边地区的发展、全民健身意识的增强，这五个方面看起来没有直接关联，但其实它们之间有着千丝万缕的联系——都是成功举办第十九届亚洲运动会所带来的影响。所以说联系是普遍的，世界上没有孤立存在的事物，任何事物都与周围其他事物有着这样或那样的联系。

(2)联系具有客观性。联系是事物本身所固有的，不以人的意志为转移。杭州亚运会推动了中国体育事业的发展等是客观存在的。

(3)联系具有多样性。事物的联系是多种多样的，如材料中杭州亚运会不仅直接加强了亚洲各国的交流与合作，而且因为杭州亚运会的举办与宣传，也间接增强了全民健身意识。

(4)联系具有条件性。任何具体的联系都依赖一定的条件，随着条件的改变而改变。要正确分析杭州亚运会带来的影响，就要把握事物存在和发展的各种条件，一切以时间、地点和条件为依据。

第二框　在和谐共处中实现人生发展

(一)单项选择题

1. D　2. B　3. A

(二)列举题(略)

(三)分析运用题

整体与部分、系统与要素的关系。

冰雪经济是由多个部分组成的有机整体，各个领域和产业链的各个环节都是其部分。整体是由部分构成的。各产业链的功能及其变化会影响整体的功能。因此，冰雪经济就是一个大的系统，是由各个领域和各个产业构成的一个统一整体。

在认识和处理问题时，要运用系统观念，立足整体，统筹全局。在实际生活中，要立足冰雪经济全产业链和长远发展，选择最佳方案；同时，也要重视冰雪项目的创新、安全的保障、餐饮住宿的优化等方面，不断提升冰雪魅力，激发冰雪经济活力。

第5课　用发展的观点看问题

第一框　世界是永恒发展的

(一)单项选择题

1. B　2. A　3. B

(二)列举题

例如：积少成多；滴水穿石；千里之行，始于足下；集腋成裘；千里之堤，溃于蚁穴；等等。

(三)分析运用题

要用发展的观点看问题。事物是永恒发展的，发展的实质是新事物的产生和旧事物的灭亡。我国载人航天事业的发展从神舟一号到神舟二十号，神舟飞船从无人到多人驻留的巨大成功，体现了事物的永恒发展，启示我们要坚持用发展的观点看问题。

事物的发展是螺旋式上升、波浪式前进的过程，是前进性和曲折性的统一。航天人面对各种困难和挑战，积极应对、努力突破。我国的载人航天事业能取得连战连捷的不败战绩，不是没有问题，关键是提前发现问题，并在上天前彻底"归零"，把隐患消灭在萌芽状态。

第二框　用发展的观点处理人生问题

(一)单项选择题

1. D　2. A　3. C

(二)列举题(略)

(三)分析运用题

武大靖面对训练中的困难挫折从不放弃，以积极的心态刻苦训练，战胜挫折，在逆境中奋发向上。

武大靖日常的训练相当刻苦，正是通过这日复一日、年复一年的训练，经过量的积累，实现了质的突破，让他最终获得了成功。

第6课　用对立统一的观点看问题

第一框　对立统一规律是事物发展的根本规律

(一)单项选择题

1. B　2. C　3. D

(二)列举题

例如：铁杵成针；月盈则亏，水满则溢；刚柔相济；吐故纳新；等等。

(三)分析运用题

手机行业发展中蕴含的矛盾及其推动作用包括以下几个方面。

(1)技术进步与消费者需求之间的矛盾。随着科技的进步，智能手机不断迭代升级，但消费者对产品的期待也在不断提高。这种"技术—需求"之间的矛盾促使厂商不断加大研发投入，创新技术，以满足消费者的期望，从而推动整个行业的技术进步和产品升级。

(2)市场竞争与同质化之间的矛盾。手机市场竞争激烈，产品同质化现象严重，但正是这种矛盾促使厂商寻求差异化竞争策略，通过设计创新、功能优化、品牌塑造等方式脱颖而出，进而推动整个行业向多元化、差异化方向发展。

（3）利润空间压缩与研发投入之间的矛盾。价格战导致利润空间被压缩，但持续的技术创新和产品升级又需要大量的研发投入。这一矛盾促使厂商优化成本结构，提高运营效率，同时探索新的盈利模式和增长点，如增值服务、生态构建等，从而维持并增强自身的竞争力。

第二框　正确认识和处理人生矛盾

（一）单项选择题

1. D　2. A　3. B

（二）连线题

1—B，2—D，3—A，4—C，5—E，6—F

（三）分析运用题

事物发展是内因与外因共同作用的结果。内因是事物变化发展的根据，外因是事物变化发展的必要条件，外因必须通过内因才能起作用。

个人的成长要依靠自己的努力。江梦南在双耳失聪的境况下，凭借自己不懈的努力，克服了常人无法想象的困难，最终才能创造世人眼中的"奇迹"，成就自己的美丽人生。

个人的成长成才也离不开外在因素的助力。江梦南作为一名半岁时就双耳失聪的姑娘，如果没有父母对她坚持不懈地鼓励与教育，她也不可能成为一个自信、自立、自强的榜样。

第三单元　实践出真知　创新增才干

第7课　实践出真知

第一框　人的认识从何而来

（一）单项选择题

1. A　2. C　3. D

（二）连线题

1—C，2—D，3—F，4—B，5—E，6—A

（三）分析运用题

思路一：计划阶段通过市场调查、用户访问等活动来制订计划，体现了实践是认识的来源；执行阶段实施计划和措施，体现了认识对实践具有反作用；检查阶段根据前一环节检查是否达到预期，体现了实践是检验真理的唯一标准；处理阶段根据检查结果采取措施，体现了实践是认识的目的，认识为实践服务。

思路二：根据市场调查制订计划，根据计划执行，根据执行检查，根据检查结果进行处理，并进入下一个循环，体现出实践决定认识，认识对实践具有反作用。从实践到认识，是认识过程的第一次飞跃；从认识到实践，是认识过程的第二次飞跃。实践与认识的辩证运动，是一个循环往复、不断深化的上升过程。

第二框　坚持实践第一的观点

（一）单项选择题

1. D　2. C　3. B

（二）连线题

1—B—a，2—B—a，3—A—b，4—B—a

（三）分析运用题

胡晓春认真学习、不断"充电"学习。我们要广泛吸收书本知识，要多读书、读好书、善读书，把学习当成一种生活习惯、人生态度和精神追求。

胡晓春坚持十多年守护迎客松，每天巡查守护。我们要做起而行之的行动者，在认真学习的基础上行动起来，真正把自己所学落到实处。

胡晓春立足自己的岗位，在岗位上持续学习，在工作中总结经验。我们要在学习和工作中，坚持学中做、做中学，学以致用。还要将自己所学与社会需要统一起来，将个人成才与国家发展统一起来，将知识学习、能力培养与道德修养结合起来，实现个人、社会和国家的有机统一。

第8课　在实践中提高认识能力

第一框　透过现象认识本质

（一）单项选择题

1. B　2. D　3. A

（二）连线题

1—B，2—A，3—A，4—B

（三）分析运用题

事物是现象和本质的统一体。现象和本质是相互区别的，所以孔子说仅凭外表和言语无法深入了解一个人的本质。

现象和本质相互依存。本质决定现象，现象的存在与发展依赖于本质；现象表现本质，本质总是通过一定的现象表现出来。透过一个人的行为、动机和爱好进行综合的思考，同时发挥主观能动性，运用科学的思维方法，才能认识一个人的本质。

第二框　明辨是非，追求真理

（一）单项选择题

1. D　2. A　3. B

（二）列举题

例如：围魏救赵；明修栈道，暗度陈仓；此地无银三百两；等等。

（三）分析运用题

1. 支持正方"自媒体时代我们离真理越来越近"的观点。现象表现本质具有复杂性和多样性，真象和假象都是本质的表现。自媒体时代人人都是记者，我们可以看到更多的现象，它们都是本质的表现；也可以看到更多人对现象本质的探究，帮助我们多角度探究真理。

支持反方"自媒体时代我们离真理越来越远"的观点。现象表现本质具有复杂性和多样性，经常存在真假混淆的情况，容易给人造成错觉。自媒体时代网络资讯也更加真假混杂，难以分辨，任何人都可以发表看法，给我们探究本质带来困难。

2. 我们要学会理性分析、判断，识别真象和假象，把握本质，明辨是非，区分善恶；懂得自己应该做什么，不应该做什么，自觉抵制不良诱惑，遵纪守法，扬善抑恶。不信谣，不传谣。

第9课　创新增才干

第一框　创新是引领发展的第一动力

（一）单项选择题

1．C　2．B　3．D

（二）连线题

A—a，B—d，C—c，D—c，E—b，F—d

（三）分析运用题

（1）中华民族是富有创新精神的民族，创新精神是中华民族最鲜明的民族禀赋。

（2）创新是新时代的迫切要求。我国高度重视自主创新，把创新作为引领发展的第一动力，坚持创新在我国现代化建设全局中的核心地位。

（3）创新使我国经济社会发展取得巨大成就，为科技创新提供了物质基础、精神动力和人才保障。

第二框　积极投身创新实践

（一）单项选择题

1．C　2．A　3．B

（二）连线题

1—A—b，2—C—a，3—B—c

（三）分析运用题

（1）陈小东将醒狮与点心相结合，体现出中职学生要树立创新意识，需要坚定创新自信，立足专业和岗位实际，做勇于创新的实践者；他用新颖、有趣的方式展现我国的好东西，体现出树立创新意识需要增强问题意识，敢于突破常规，提高创新思维能力。

（2）陈小东苦练一技之长，扎实的功底为创新打好坚实的基础，投身创新实践。这体现出中职学生要增强创新本领，就要夯实创新的知识基础，认真学习基础理论和各项专业知识，为创新打好坚实基础。

第四单元　坚持唯物史观　在奉献中实现人生价值

第10课　人类社会及其发展规律

第一框　人类社会的存在与发展

（一）单项选择题

1．C　2．D　3．B

（二）连线题

2、3、4—A，1、5、6—B

（三）分析运用题

（1）社会存在决定社会意识，社会意识是对社会存在的反映。社会存在的变化、发展决定社会意识的变化、发展。新时代，社会主要矛盾发生了变化，社会发展实践中出现了新热点、新难点，立法工作必须对人民群众的新要求作出回应。《中华人民共和国民法典》的颁布是社会意识随着社会存在的变化而变化的具体体现。

(2)社会意识对社会存在具有反作用。先进的社会意识可以正确预见社会发展的方向和趋势，对社会发展起积极的推动作用。《中华人民共和国民法典》符合我国国情和实际、充分体现了新时代特点，必将助推"中国之治"跃上更高境界，在新时代中国特色社会主义事业奋斗征程上树起又一座法治丰碑。

第二框 社会基本矛盾及其运动规律

（一）单项选择题

1. A 2. D 3. B

（二）列举题

例如：《中华人民共和国宪法》、国家政权机构、社会意识形态、人民代表大会制度、中国共产党领导的多党合作和政治协商制度等。

（三）分析运用题

经济基础决定上层建筑，上层建筑对经济基础具有巨大的反作用。当上层建筑适合经济基础发展时，就会促进经济基础的巩固和完善；当它不适合经济基础状况时，就会阻碍经济基础的发展和变革。当上层建筑为适合生产力发展要求的经济基础服务时，就成为推动社会发展的进步力量；反之，就会成为阻碍社会发展的消极力量。

物质文明与精神文明协调发展是中国式现代化的重要特征，物质文明为精神文明发展提供必要的物质基础，精神文明为物质文明提供制度、思想、文化等支撑和动力，甚至影响其发展的方向和道路。

第 11 课 社会历史的主体

第一框 人民创造历史

（一）单项选择题

1. A 2. B 3. D

（二）列举题（略）

（三）分析运用题

(1)这个观点是不科学的。人民群众是社会历史的主体，是历史的创造者，是社会物质财富和精神财富的创造者，是社会变革的决定力量。

(2)科学家是人民群众的一分子，他们专业知识丰富、综合素质高，对"消除饥饿，解决温饱"具有突出贡献，但"消除饥饿，解决温饱"更需要依靠广大普通劳动者。

(3)我们必须要深入群众，汲取群众智慧，充分发挥人民群众的积极性、主动性和创造性，保障中国粮食安全，满足人民日益增长的美好生活需要。

第二框 自觉站在最广大人民的立场上

（一）单项选择题

1. C 2. A 3. B

（二）列举题（略）

（三）分析运用题

(1)新时代青年要担当时代责任。广大青年要肩负历史使命，坚定前进信心，立大志、明大德、成大才、担大任，努力成为堪当民族复兴重任的时代新人。中职生要立志成为新时代的新型劳动者，用自己的劳动奋斗投身社会主义建设和民族复兴大业。

（2）新时代青年要与人民同呼吸、共命运。我们应牢固树立为人民服务的崇高理想，把人民的期盼和需要作为自己的奋斗目标，把自我成长和职业生涯发展融入人民和祖国发展的大我之中。

（3）新时代青年要自觉投身服务人民的伟大实践，同人民群众一起拼搏。我们要"自找苦吃"，多到基层去磨炼、去"接地气"，在技能实训、岗位实习中提升能力，用技能服务社会，在工作岗位上爱岗敬业，绽放青春之花。

第 12 课　实现人生价值

第一框　树立正确的价值观

（一）单项选择题

1．B　2．C　3．D

（二）列举题（略）

（三）分析运用题

（1）要努力身体力行，将社会主义核心价值观推广到全社会中去，为实现国家富强、民族振兴、人民幸福的中国梦贡献强大的青春能量。我们可以通过各种志愿者活动，如专业技能服务社会、各种公益帮扶活动等，践小行、显大爱、扬正气、传能量，传递社会主义核心价值观。

（2）要把社会主义核心价值观落细、落小、落实。新时代青年要将社会主义核心价值观转化为人生价值准则，使其成为一言一行的基本遵循、日常的行为准则，切实做到勤学、修德、明辨、笃实。我们要扎实学好专业技能，加强道德修养，在生活中修好公德、私德，明辨是非，正确抉择，知行合一，将社会主义核心价值观内化为我们的精神追求，外化为我们的自觉行动。

第二框　人生价值贵在奉献

（一）单项选择题

1．A　2．C　3．B

（二）列举题（略）

（三）分析运用题

（1）在积极奉献中实现人生价值。人的价值是奉献与获取的统一，只有"我为人人，人人为我"，社会才能和谐进步。小吴积极参与各种志愿活动，服务群众和家乡建设，受到人们赞扬，引发积极的社会反响，被团中央授予荣誉肯定。

（2）立足本职岗位实现人生价值。任何人只要在自己的岗位上尽职尽责，兢兢业业，就应该对他的人生价值给予积极肯定的评价。小吴通过自己创立的影视文化传媒公司，宣传志愿服务，带动身边人参与公益，为家乡发展助力。

（3）以诚实劳动实现人生价值。衡量人生价值的标准，最重要的就是看一个人是否用自己的劳动和聪明才智为国家和社会真诚奉献，为人民群众尽心尽力服务。小吴通过自己实实在在的志愿服务工作，为群众和社会服务，实现了人生价值。

（4）新时代青年要勇做走在时代前列的奋进者、开拓者、奉献者，争做新时代的大国工匠、能工巧匠、高技能人才，为全面建设社会主义现代化国家、全面推进中华民族伟大复兴贡献力量。我们要像小吴等众多优秀青年榜样一样，学好专业本领，以技能服务社会，积极投身社会主义现代化建设，为中国梦的实现不懈奋斗。